成长也是一种美好

心智觉醒

我不介意会发生什么

艾菲 著

人民邮电出版社
北京

图书在版编目（CIP）数据

心智觉醒 ：我不介意会发生什么 / 艾菲著. -- 北京 ：人民邮电出版社，2023.9（2023.10重印）
ISBN 978-7-115-62494-9

Ⅰ. ①心… Ⅱ. ①艾… Ⅲ. ①思维方法－通俗读物 Ⅳ. ①B804-49

中国国家版本馆CIP数据核字(2023)第152774号

◆ 著　艾　菲
责任编辑　陈素然
责任印制　周昇亮
◆人民邮电出版社出版发行　　北京市丰台区成寿寺路 11 号
邮编 100164　电子邮件 315@ptpress.com.cn
网址 https://www.ptpress.com.cn
天津千鹤文化传播有限公司印刷
◆开本：880×1230　1/32
印张：7.75　　2023 年 9 月第 1 版
字数：180 千字　　2023 年 10 月天津第 2 次印刷

定　价：59.80 元

读者服务热线：（010）81055522　印装质量热线：（010）81055316
反盗版热线：（010）81055315
广告经营许可证：京东市监广登字20170147号

推荐语

人的心智，一旦开始提升和扩展，就永远不会退回到从前的限制和范围。艾菲的新书《心智觉醒》从高度、宽度、长度三个维度，深入浅出地讲解了如何通过心智模式的升级，破局而出，并活出自己想要的人生。

——润米咨询创始人　刘润

这本书让我感觉既熟悉又新鲜，熟悉是因为它和艾菲的《直击本质》一样，既有理论高度，又非常成体系，同时又具备很好的落地实操方法；新鲜是因为这本书把关注点放在了人的身上，而不再只讲如何做事。互联网有句流行语："因事聚人，因人而成事。"我非常认同这个观点，真正成事的关键在于人。尤其是在当下这个充满变化，挑战与机遇共存的时代，如果个体不去看清自己、接纳自己、发挥自己的优势，是很难活出精彩的、有成就的人生的。这本书非常棒，我已经给我的团队成员推荐了这本书，也希望这本书被更多的人看到！

——诺信创联董事长兼首席执行官　阮伟

如果我们把职场和人生看作一场对于心性与智慧的高峰探索之旅，那么艾菲这本关于心智升维的书就提供了所需的道与术，帮助我们登上峭壁而一览众山，从而变得更加光明与豁达。推荐艾菲的《心智觉醒》。

——互联网连续创业者，比酷传播集团 CEO　齐刚

“迷茫”与“彷徨”，是很多人的内心独白。艾菲的新书《心智觉醒》将带领大家穿透迷雾看到本质、全面升维心智模式，成为更好的自己。这本书延续了艾菲以往的特点，写得深刻、真诚、干货满满。

——小站教育创始人兼首席执行官　王浩平

与艾菲相识几年时间，每段时间如期而至的谈话成了我的习惯。很欣慰她将这些年来的深度思考和躬身实践整理出来，分享给更多的人。这本《心智觉醒》能帮我们带着困惑，面对接踵而至的生活，也能帮我们厘清思绪，找到自己也找到出发的力量。

——恩和生物联合创始人兼首席执行官　崔好

如何在如此不确定的、充满挑战的当下提升心智维度以追求更加美好、自由、精彩、健康的人生？艾菲女士通过身边的真实案例与大家分享、探讨、共创，从高度、广度、长度三个维度，给出了解决方案。

——武田中国董事长兼总裁　单国洪

从《直击本质》到《心智觉醒》，艾菲的书能帮助我们做个明白人，同时也带给我们一种解放——对精神内卷的解放。这本书引发了我对如何更好地跟这个世界打交道的思考。借用艾菲的话，让我们一起开启这趟心智升维的旅程，并由此跨入既蓬勃又自由的人生吧！

——深交所主板上市公司立方制药总经理　崔欢喜

自序

成长，是心智升维的过程

这本书出版前，编辑跟我说："你可以在自序里写写从辞职到创业过程中所经历的痛苦吗？读者会很有共鸣。"

于是，我开始回忆五年前辞职时的感受以及这几年的创业经历，我意识到，整个过程虽有不少压力，偶尔也会焦虑，却并不痛苦。

辞职前，我要面对强烈的不安全感；开始创业后，我又要面对创业的大起大落、不稳定的收入、远程带领团队的沟通不便等，这些对我来说都是比较大的心理和能力挑战，但是我为什么从不觉得其中有痛苦呢？

如果把这几年经历的事放在从前，我肯定备受折磨。因为那时的我会把自己遇到的问题、困难、挑战都看作是麻烦和痛苦，但现在，我则会把遇到的问题、困难和挑战看作是一场又一场的游戏。在玩游戏的同时，我还能不断地成长，不断地迭代和提升自己。所以在这个过程中，我从不觉得痛苦，反而常常觉得享受。

这个转变，让我不由想起从前的自己，那时的我常会陷入各种各样的烦恼、内耗、焦虑和痛苦，长时间难以自拔。但现在，这种状态已经没有了。所谓“没有”，并不是说在我的生命中再也没有遇到过挫折、失败、问题、困难和挑战，毕竟这些事在任何人的生命中都属于常态。我说的“没有”，指的是这些事情依旧在发生着，但我对它们的理解方式、想法、情绪反应，以及由此产生的行为、选择和决策却发生了非常大的转变，于是我的状态也就发生了非常大的转变。

而这一转变的根源，就在于心智模式的升维。

01

什么是心智模式?

心智模式就像是我们内在的**“信息处理器”**，它会对我们从外界接收到的信息进行加工。虽然我们看到的是同一个世界，但我们每个人对这个世界都有不同的理解，这种从外在客观世界到个人主观理解的加工过程及结果，取决于我们自己独特的心智模式。而最终，它又会以不一样的念头想法、情绪感知，以及行为和决策表现在我们的生活、工作和关系中，并在很大程度上决定我们的人生走向和生命质量。

彼得·圣吉曾说：**心智模式深植于我们心灵之中，决定了我们对世界的看法。**

因此，你的心智模式是什么样的，你表现出来的对世界、对他人、对自己的理解方式、想法、情绪感知，以及行为和决策就会是什么样的。由于我们每个人的心智模式不一样，因此我们表现出的行为举止也就大相径庭。

简单来说就是，**一切外部信息的流入，都会经过我们自身心智模式的解读。同样，我们一切对外的行为，也都会经由我们自身的心智模式向外流出。**

这就解释了为什么从前每当我遇到问题、困难和挑战时，都会把它们看作麻烦和痛苦，于是不断陷入各种各样的内耗、焦虑和痛苦，难以自拔；而现在每当我遇到问题、困难和挑战时，却会把它们看成一场又一场的游戏，并在游戏中不断地成长、迭代和提升自己。

这种转变发生的根源，就在于我心智模式的升维。

这里所说的成长，其真正的内涵并不是对知识的学习和对技能的掌握，而是**通过心智升维，打破旧有的心智模式，重建新的心智模式的过程。**一个人一旦心智固化，便会停留在人生的逼仄处，无法拓展与成长。

被既有心智模式困住，才是失败的根本原因。

多年前，我去参加了个人成长教练和心理咨询大师的课程。

对当时的我来说，那门课程非常艰深，很难完全理解和领悟。

那门课程的翻译比我年轻几岁，但进入这个领域比我早了很多年。上课期间，我常常不自觉地拿自己与那位翻译进行比较，内心很失落。

对课程学不懂的困扰，加上与那位翻译相比较而来的失落，让我感到了痛苦。在这份痛苦里，有羡慕、有嫉妒、有不甘、有失落，也有后悔，觉得自己之前在职场里白白浪费了很多年，心想如果我能像她那样早早进入这一行，那么现在的自己肯定更强大、更智慧，活得也会更充分、更蓬勃。

就这样，我在这种负面情绪中一待就是十几天，非常难受、难以走出，直到运用了我在这本书里写的“你的负面情绪也正是你的深层需求”的心智升维法，才从强烈的负面情绪中走了出来，并在此后发生了180度的大转变。

通过心智升维的方法，我发现，隐藏在我这种负面情绪背后的正是我的一个核心价值观——生命力。当这个核心价值观从我内心显现时，随之出现的还有一幅非常生动且清晰的意象画面：在铺满了各色鲜花的草地上，一条小溪蜿蜒流过，在阳光的照射下，溪水波光粼粼，小溪的上方有一棵高大茂盛的树，树枝上挂着一个吊床，吊床里躺着一个咿咿呀呀的小婴孩，她挥舞着双手，兴奋地看着外面的世界。

在看到意象画面的那一刻，我泪流满面，因为我知道那个小婴孩代表的正是我自己。

我之所以会在这门课中感到痛苦，不是因为嫉妒，而是因为我对自我成长的强烈渴望。所以，当我遇到比我年轻、比我入行早且比我智慧的人时，就产生了一种非常强烈的痛苦。

“看到”画面中自己的那一刻，我意识到，其实我一直都是那个咿咿呀呀、挥舞着双手，兴奋地看着外在世界的小婴孩，因为我永远都在好奇地学习着、探索着、成长着，我一直都走在这条路上。

而这一切，早已足够。

“看”着那个蓬勃的新生命，我的内心充满了力量和幸福。在这一刻，我彻底明白了，我的“求胜”心不过是我想要“求知”却不可得或觉得不够快的结果。**我始终想要充满好奇心和生命力地学习、探索和成长，这才是隐藏在我负面情绪背后的深层次需求。**

这个深层次需求不是负面的，而是正面的、积极的、有力量的。但是，当我没有看见它时，它就会以负面形式加以呈现；当我看见它时，它就为我带来了强大的能量与生命力。

在那以后，我就再也没有感受过与此类似的负面情绪了，而我的心智和人生也都发生了非常大的转变。

这是在我生命中发生过的一次心智觉醒的故事，当然，这样的故事还有不少，其中一些已经被我写在了这本书里，很坦诚也很真实，有关于职业发展的，有关于人生选择的，有关于痛苦伤痕的，也有关于亲密关系的……

02

心智升维，对我来说非常有用，它让我的生命状态和人生走向都发生了巨大改变。可是，在其他人身上，它是否也能如此有效呢？

在这里，我想跟你分享三个来自我的读者和学员的真实故事。

故事一

最近，我做了个一对一教练辅导，辅导刚开始时，来访者就表现出非常明显的焦虑情绪。

随着对话的深入，我发现他焦虑的根源在于：急着实现财务目标，而他给自己定的财务目标又比较激进，于是他感到希望渺茫。就这样，他陷入一个“迫切想得到”与“无法立刻得到”的无限死循环中。

在这个循环中，他就像坐“过山车”一样，时而觉得前途光明，于是斗志昂扬、非常拼命；时而觉得前途渺茫，于是精神萎靡、焦虑异常。

故事二

一天，我在“艾菲的理想”公众号后台看到下面这个提问。

“我现在的工作很稳定，薪资也不错，我在这个行业已经积攒了七八年的经验，但是我却常常感到难受，因为我本身是个很有创造力、很有思考力，也很有激情的人，可惜这份工作却不太需要我的创造力、思考力和激情。

“所以，每过一段时间，我就会产生想辞职、自己创业的冲动。但是，家人和朋友都不赞同我的想法。当然，我自己也很害怕，我怕辞职后创业失败，那时我又得灰溜溜地回来，甚至会被公司拒绝。

“这种纠结已经持续了两年，我依然无法做出选择。艾菲老师，你说我到底应该怎么办呢？”

故事三

外企高管米娅第一次找到我时，我就感觉她的身上仿佛背着一个无比沉重的包袱。那是一个什么样的包袱呢？

她说：“一直以来，我都在过着填空式的人生：在 36 岁前要做到部门负责人，要在上海拥有两套不错的房产。我一直觉得必须完成这些，才算活得好，也只有这样，别人才会觉得我是‘赢家’，否则我就没有安全感，也缺乏价值感。无论是工作还是生活，对我来说，似乎都是一场又一场必须赢的角逐。可是，就在一两年前，我的生活中发生了一些事，让我开始觉得我不能继续这样，否则就会在痛苦里打转。

“但与此同时，我却发现周围的人都是这样的，大家都想过得更好，都想变得更强，赚更多的钱，在这种持续不断的内卷中，就算我想逃也逃不出去。但是，在内心深处，我还是很想改变，因为我不希望一辈子都处在这种焦虑、辛苦和痛苦的状态里。”

这三个案例，不仅是他们三个人的真实故事，同时也是成千上万人经历过或正在经历着的事情。

那么最终，我是如何帮助他们摆脱这些普遍性的问题和困扰的呢？

我发现，当我与来访者提出的问题、困惑或痛苦处于同一层级时，虽然也能就事论事地想出具体方法和行动计划，帮助他们解决一些问题，但是这种方式却始终无法做到轻松彻底地解决问题。

在这种情况下，无论是我还是来访者，都会有种**“有用，但又不那么有用”**的感觉。

相反，当我引导来访者升维自己的心智模式，然后再带他看向最初的问题、困惑和痛苦时，这些问题就会很快被化解。

这些日积月累的切身经验，让我越来越清晰地意识到：**心智升维，是让问题迎刃而解的关键，否则那些被各种问题困扰的人就会在迷宫一般的困境中绕来绕去，始终走不出去。**

与此同时，随着我对中国传统文化、东方哲学、西方哲学、西方现代思想、心理学、教练的科学、神经语言程序学、催眠理论、成人发展理论、天赋优势理论等理论学科持续多年的深入学习、思考和践行，我发现“心智升维，是让问题迎刃而解的关键”这一规律是普遍存在的。

如果你能升维自己的心智模式，就会感到现实为你提供了足够多的选择，根本不必总是左右为难，或一直被卡住。这样做的结果是：无论做什么，你都会更有效、更智慧、更有力量。

03

那么，接下来的问题就是：我们该怎样升维自己的心智呢？

心智升维涉及三个维度，**分别是高度、广度和长度。**

很多问题之所以无解，之所以能把我们卡在其中，关键就在于：它的答案并不在我们既有的心智模式和框架内。因为我们既有的心智模式和框架往往是低阶的、狭窄的、短视的。

这时，如果我们能够升维自己的心智，那么不论面对的是多么难缠的问题、困境和烦恼，我们都能通过把自己的心智提升到更高的层级、拓展到更广的空间、延伸到更长的时间，从而打破之前既有的心智模式和框架，从低阶的、狭窄的、短视的心智模式和框架中走出来，这时问题自然会迎刃而解。

维度越高，限制就越小，拥有的可能性也就越多，于是难解和无解的问题就变得可解了。

正如爱因斯坦所说：**“你无法在制造问题的同一思维层次上解决这个问题。”**

在从既有的心智模式和框架中走出来后，我们的人生，也就进入了一个全新的阶段（见图 0-1）。

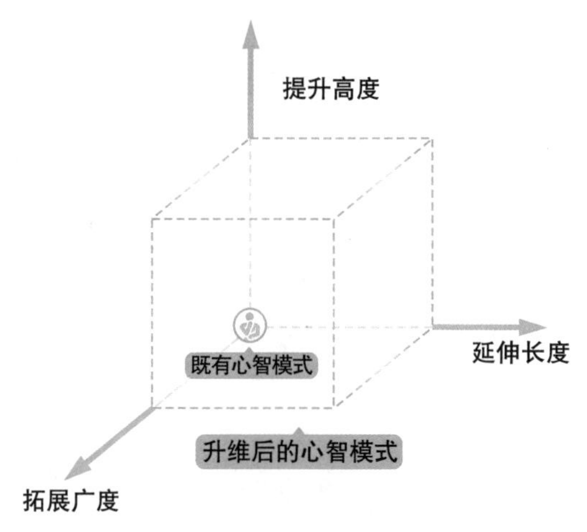

图 0–1　心智模式升维模型

在这本书里，我的核心内容是“心智的升维”以及由此带来的觉醒和成长，分为高度篇、广度篇和长度篇。

在**高度篇**中，通过对心智层级的提升，我们将轻松化解人类本能的限制、无法避免的痛苦、两难的选择、持续的内耗；在**广度篇**中，通过打破内化的“咒语”、思维的边界、游戏的规则这三大“封印”，通过在五个方面从低阶向高阶心智模式的进化，走出因束缚和狭隘带来的痛苦、烦恼、焦虑和纠结；在**长度篇**里，通过在更长的时间维度上进行思考与感悟，我们会理解“先窄后宽”的人生最优策略，并最终活出通透、豁达、自在的人生境界。

随着对自己既有心智模式的持续提升、拓展和拉伸，我们会在不知不觉间收获到来自三个方面的深刻改变。

改变一：随着对既有心智模式的打破，获得更成熟、更高阶、更宽广的心智模式，并最终实现心智上的升维。

改变二：用升维的心智，对生活、工作、关系中出现的各种问题、痛苦和困境进行降维打击，让问题得以化解。

改变三：心智模式的升维会把我们带向更广阔的视野和格局，产生“会当凌绝顶，一览众山小”“人生无限宽广”的感觉，并最终获得豁达、通透、自在的心境与状态。

与知识和技能不同，学到的知识容易被我们忘记，掌握的技能只能在一定范围内使用，但是，**一旦我们的心智开始提升和扩展，它就永远不会退回到从前的限制和范围。**

即便我们学到某些知识、掌握某些技能，也要通过自己心智模式的加工才能运用它们。可以说，**你的心智模式是你最大的问题；同时，你的心智模式也是你最好的答案。**

04

所以，我坚信这本书适合所有正处于迷茫、纠结、内耗、焦虑、忧虑、痛苦、困境，想要破局的读者，以及想要成长精进或期望豁然开朗进入更高层级人生境界的读者，无论现在的你正从事什么职业、处于什么年龄、承担什么角色，我相信它都能够对你产生不同程度的启发和影响。

尤其是对那些不知道该如何做出人生重要选择和决策的人；那些正在经历人生痛苦却又无可奈何的人；那些总在纠结、迷茫、持续内耗的人；那些在现有工作中感到压抑委屈，想要逃离的人；那些在人际关系中总是很不顺利的人；那些总在羡慕他人，觉得自己一无所成的人；那些感觉自己始终被压抑着无法活出自己想要的人生的人；那些缺乏耐心、急于求成、极度焦虑的人；那些总在不断学习却始终无法彻底解决问题的人……如果你位列其中，那么这本书肯定能够让你豁然开朗，并带你走向你想要的人生。

当然，我也特别希望年轻人，尤其是那些还未踏入社会的大学生、研究生也能看到这本书，因为你们正处在人生起步阶段，若能借助此书获得心智升维，便能避免很多不必要的人生弯路，在年纪轻轻时就拥有高维度的心智水平，从而早日活出自己想要的人生状态。

最后，我想再次表达我的写作初衷：**是什么曾经拯救过你，你最好就试着用它来拯救这个世界。**

如果你读到了这里，那么下一个翻书的动作就当作是我们的见面礼吧：**“你好，很高兴认识你，我是艾菲。现在就让我们一起开启这趟心智升维的旅程，并由此跨入既蓬勃又自由的人生吧！”**

目录

高度篇：超越人性

站得越高，看得越远；站在顶峰，看清一切

人活着不是为了拖动锁链，而是为了张开双翼。

——克尔凯郭尔

在我们的一生中，可以选择“自我保存”主导的“生存之旅”，也可以选择“自我实现”主导的“英雄之旅”，这一切不仅是我们自己的选择，也是发挥了勇气和智慧的结果。

我们的心灵本来就会被一而再再而三地击碎，这并不意味着内在的支离破碎，而是击碎外在坚硬的铠甲，让光芒和真正的东西由内而外地透出来。当我们感受到内在在破碎，意味着我们正行走在一条深刻蜕变的旅途上，而最终，是崩溃还是飞越，都取决于我们是否愿意并有能力与这份苦难建立正向的关系，生命非常痛苦和艰难，它会深深触碰我们，当我们能够允许自己的光逐渐透出来，那么一切痛苦都是值得的。

——斯蒂芬 · 吉利根

享受生活或在生活中受苦的根本区别在于：如果你心甘情愿地投入任何事情，那就是你的天堂；如果你心不甘情不愿地做任何事，那就是你的地狱。

——萨古鲁

广度篇：摆脱束缚

人，生而自由，却无往不在束缚与狭隘中

一切绝望的根源，都是因为我们无法成为自己。

——克尔凯郭尔

不要让别人的意见，淹没了你内心的声音。

——史蒂夫 · 乔布斯

我只不过是许多镜子的集合，反映了其他所有人有望于我的东西。

（佚名）

是我们给自己创造了囚牢和拘禁，与他人无关。

（佚名）

有限游戏是有剧本的，而无限游戏是传奇性的。

——詹姆斯 · 卡斯

检验一流智力的标准，就是头脑中能同时存在两种相反的想法但仍保持行动的能力。

——菲茨杰拉德

长度篇：走出焦虑与不安

时间，既能打败一切，也能成就一切，还能转化一切

为了茁壮成长，你必须先把你的根深深地穿进虚无之中，并且学会去面对你最寂寥的孤独。

——尼采

如果你做一件事，把眼光放到未来三年，和你同台竞技的人很多；但如果你的目光放到未来七年，那么可以和你竞争的人就很少了。

——贝佐斯

那些赚快钱的人逐渐会发现他的路越走越窄，坚持做长期事的人的路才会越走越宽。

——张磊

哲学家斯宾诺莎喜欢用一个拉丁短语 sub specie aeternitatis，意思是“从永恒的角度”。他认为，如果从永恒的角度来看，再烦人的日常琐事也会变得不那么令人不安了。

高度篇：超越人性

站得越高，看得越远；
站在顶峰，看清一切

第1章
不是要反人性，而是要超越人性

人活着不是为了拖动锁链，而是为了张开双翼。

——克尔凯郭尔

在我们的一生中，可以选择“自我保存”主导的“生存之旅”，也可以选择“自我实现”主导的“英雄之旅”，这一切不仅是我们自己的选择，也是发挥了勇气和智慧的结果。

第1节　人性：并不只有生存与繁衍

一天，我看到了这样一条读者留言。

我现在的工作很稳定，在我们这里算是最好的工作之一。但是，在工作中，我却感到非常痛苦，每天做的都是按部就班、循规蹈矩的事，可我本身是一个很有创造力，也很有激情和热情的人，我喜欢那些有创造性的工作，我喜欢大家交流时可以碰撞思想的自由，所以我很想去广告公司或公关公司工作。

几年来，我一直很想辞去现在的工作，但是家人都不支持我，他们觉得我的想法不现实。就连朋友也说我这样做风险太大，而我自己也很害怕辞职后自己仍然过得不好。

现在的每一天，我都过得很痛苦、很压抑，有时甚至觉得如果一直这样下去，我可能会得抑郁症。艾菲老师，你说我究竟应该怎么办呢？

这条留言让我非常感慨，也让我想起了自己的过去。其实，这类疑问是我平时遇到最多的，它们的共性是：**我究竟该安于当下稳当的工作还是该换一份有挑战、有风险，同时也能发挥我的天赋、热情，或是让我感到更有价值的工作呢？**

对这个问题，我可以给出流于表面的答案，也可以给出直击本质的回答。而这个直击本质的回答，其实就深藏在我们的人性特点里。

人性，最近几年被谈论得很多，究竟什么是人性呢？

人性，按照哲学教授杨立华老师的话说，就是人不得不如此的本质倾向。

可是，究竟什么倾向才是“人不得不如此”的倾向呢？

从生物进化论的角度看，基因突变是随机的，基因会同时向多个方向随机突变。但是，如果从最终结果来看，被筛选并传递下去的突变是有益于个体生存的。

由此，我们可以说，人性中有一个“不得不如此”的倾向，就是确保自己在短期内获得生存和繁衍的倾向，我们可以把它简称为“自我保存”的倾向。

注意，在这句话里有一个定语是“短期内”，为什么会有这个定语呢？

因为对个体而言，即便是生存和繁衍，也有长期与短期之分。确保短期内的生存和繁衍，与确保长期内的生存和繁衍，在很多时候存在着激烈的矛盾和冲突。比如：为了在短期内更好地生存，我们会停留在自己早已习惯的舒适圈里，但这种行为却会对我们长期的生存和繁衍构成一定的威胁。

因此，人性的特点就是短期内自我保存的倾向，也就是说，我们每个人都有确保自己在短期内得以生存和繁衍的倾向。这个倾向，可以说是每一个人的“出厂设置”，而我们的所有行为都会围绕这个“设置”不断展开。

比如：为什么我们明明知道高热量甜品对身体不好，却怎么都戒不掉？

想象一下，如果你是一个原始采集者，你会非常想获取更多的热量，因为热量的获取对你的生存至关重要。获取热量的最好方式之一是吃甜食，而甜食最可能的来源是熟透的水果。那么，如果你遇到了一棵长满成熟水果的树，你会怎么做？你肯定立刻就去吃，直到吃不下为止。否则，等附近其他动物也发现了这棵树，你就连一个水果也吃不到了。

于是，这种想要大口快速吃下高热量甜食的本能就根植在了我们的基因里。就算今天的我们早已不再居住在草原或森林中，但我们的基因却依旧记得自己对高热量甜食的渴望。每次看到巧克力冰激凌，我们都想来上一盒；每次看到香喷喷的芝士蛋糕，我们都会馋得走不动路。相反，那些不那么渴望甜食的原始采集者，可能早就因为没能获得足够的热量而丧生了，他们的基因也就没能遗传下来。

尽力保证短期内的生存和繁衍，这就是我们每个人的“出厂设置”。而这种出厂设置与其他因素一起，就形成了对人们非常重要的四个影响。

第一个影响：让我们厌恶风险，追求确定性。

想象一下，假如你是个原始人，在原始森林里生活。这天，你正准备走进丛林摘些浆果，忽然看见丛林中好像隐藏着一只老虎。

老虎的影子有些模糊，你不太确定丛林里是否真的隐藏着老虎。这让你犹豫不决，如果不去摘浆果，就要挨饿，如果去摘浆果，就有被老虎吃掉的危险，你会做出怎样的选择呢？

可以确定的是，我们的祖先就是那些选择不走进丛林的原始人。因为对风险的厌恶，以及对确定性的追求，让他们保住了性命，并最终获得了生存和繁衍的机会。

为了生存并将基因传递下去，我们的祖先需要特别警惕各种损害和冲突。因为在几百万年前，原始人的生活中存在各种各样的危险，稍有不慎就会导致死亡。长此以往的结果就是，他们会尽可能地避免风险，尽可能地待在熟悉和感到安全的地方。

慢慢地，这种本能被深深地刻在了我们的骨子里，成了每个人的“出厂设置”。现在的我们，虽然早已不再面临老虎的威胁，但依旧保留着这种与生俱来的厌恶风险、追求确定性的特点。

这一点也被“行为经济学”提出的“前景理论”验证了。

如果你的面前有两种选择，选项 A 是“肯定会得到 900 美元”，选项 B 是“有 90% 的可能会得到 1000 美元”，你会选择哪一个？

如果你的面前有两种选择，选项 A 是“必定会损失 900 美元”，选项 B 是“有 90% 的可能会损失 1000 美元”，你会选择哪一个？

几乎所有人在第一个问题中选择了 A，在第二个问题中选择了 B。

为什么？

因为第一个问题是关于收益的，在获取收益的风险上，B 的风险比 A 大，在获取收益的确定性上，A 的确定性比 B 大，所以大家都选择了 A，因为 A 的获益更明确；第二个问题是关于损失的，在遭遇损失的确定性上，A 的确定性比 B 大，所以几乎所有人都选择了 B。

这不就是对确定性的追求，以及对风险的厌恶吗？

同样，因为厌恶风险，追求确定性，所以我们总想立刻看到非常确定的正向结果，或是拿到一个 100% 的正向保证。比如，你做了一个提高英语口语的计划，决定每天学习一小时。那么，与这个计划对应的，你的期望是：在一个月后，能看到非常明显的进步或成果。如果没有看到成果，你可能就会放弃对英语口语的练习。

因为只有这样，你的付出才是确定的、有回报的付出，才是没有风险的付出。可是，这样一来，你就会陷入“急功近利”的浮躁状态。然而，越是着急，越是“急功近利”，你就越难以把事做成，同时，你每天的心情也会随着事情进展的情况而起伏跌宕、焦虑不安。

说到底，我们的很多表现，包括行为、念头、感受和情绪，都来自“自我保存”的第一个影响：厌恶风险，追求确定性。

第二个影响：追求物质和财富。

百万年前，人类生存水平低下，资源匮乏，拥有更多资源也就意味着拥有更高的生存可能性。所以，人会自然而然地追求资源。同时，雌性在择偶时，也会选择那些拥有更多资源的对象，因为拥有更多的资源就意味着有更大的保障去繁衍后代。

这种本能也被刻在了我们的骨子里，成为了我们的“出厂设置”。

直到现在，我们依然在不断追求着物质和财富，就算我们已经拥有了足够的物质和财富，这种力量还在一刻不停地驱使着我们，让我们总是感到深深的匮乏。

就这样，在对金钱和财富的持续追逐下，我们慢慢变成了永远无法感到满足的人，甚至是十分贪心的人。这种贪心，是大部分人总是处于骚动不安与焦虑担忧的关键原因。

对金钱的追逐，给很多人的人生装上了一个无法停止的轮子，把他们的生活变成了一部永无止歇的永动机。只要回顾一下自己的日常生活和工作，相信你很快就会发现，你所做的最主要的事，就是去推动这个永动机轮子，让它转得越来越快，从而获得越来越多的财富。**但与此同时，你也在不知不觉间把自己原本鲜活的人生变成了这个机器的一部分。**

可能最终有一天你会发现，这种生活带给你的并不一定是更多的财富和安全感，相反，它可能让你失去了梦想，丢掉了热情，并使你常常处在焦虑、骚动、不安、痛苦中难以自拔。

说到底，这些表现都来自“自我保存”的第二个影响：追求物质和财富。

第三个影响：在意他人的看法，害怕被孤立，追求合群。

人类的个体是非常脆弱的，皮厚不如大象、力量不如牛、速度不如豹，人类能在数百万年的危险环境中生存下来，靠的是团体的力量，置身群体之中，能够大幅度提升人类的生存概率。

黑猩猩是与人类相似的社会性动物，而且与人类基因相近。科学家们在对黑猩猩的观察中发现，黑猩猩一旦被族群驱逐出去独自面对外部凶恶的环境，基本上就等于宣告了它的死刑。

所以，在漫长的进化历程中，抱团而居的人总是更容易把自己的基因传递下去，而且这种倾向已经植入了我们的底层思维。即使在我们感觉快乐、放松，与别人有某种情感联系时，大脑也在巡视着各种潜在的危险、失望以及各种人际关系上的问题。

有位学员对我说：“白天我和别人交流时说了一些话，到晚上自己一个人时就会不自觉地回想这些话，总觉得某句话没有说好，如果怎样说可能会更好。比如，之前换工作时和同事告别，同事对我说：‘以后有好的机会不要忘了姐姐。’我回答说：‘你的能力这么强，肯定会有很多好机会的。’之后，我们再也没有联系过。后来，我总觉得自己这句话说错了，猜想可能这句话让她感觉我不想再搭理她了。如果我当时说‘放心，以后有好的机会一定告诉你’，那样是不是会好一些？”

看到这里，你是否已经产生了深刻的共鸣？

是的，她的反复思考和担忧，有着非常深刻的人性根源，也就是根植在我们基因里的“在意他人的看法，害怕被孤立，追求合群”的本能。因为这种本能，我们才会如此在意他人的看法，在意他人对自己的评价，一旦收到很低的评价，我们就会有种连生存都难以为继的担忧和痛苦。

如果你也有这样的想法和感受，不必羞愧，因为这就是我们的“出厂设置”——要以他人的意见为准，合群才是对的，特立独行就是错的。所以，不论何时，我们都不想被群体排斥在外，因为那是难以忍受的。

第四个影响：与他人比较、竞争，追求成功。

有这样一个非常古老的故事：

两个长跑爱好者在穿越非洲塞伦盖蒂草原时准备停下来休息一会儿。在正要脱下鞋的一刹那，他们发现有一只凶猛的狮子正盯着他们并向他们冲过来。其中一个跑者马上穿上鞋子，另一个跑者吓得直喘粗气："我们不可能跑过那只狮子，它比人类跑得快得多。"第一个跑者马上说："我不必跑得比狮子快，我只要跑得比你快就行了。"

这个古老的笑话说的是什么呢？它说出了自然选择的本质，生存之战不仅是与大自然的力量对抗，同时也是与我们的竞争对手对抗。事实上，有时我们只要超越自己的对手就行。

1898 年，心理学家诺曼·特里普利特注意到，自行车运动员在相互竞争时比独自计时骑行时骑得更快；而在被公认是第一个社会心理学实验的研究中，他测量了孩子们在游戏中收鱼线的速度，这些孩子要么独自一人，要么与另一人比赛。结果发现，孩子们在比赛时收鱼线的速度总是更快。

特里普利特把这称为"竞争本能"，它似乎是人类和其他动物普遍存在的一种基本行为。最明显的竞争例子是进食。当你下次看到你的几个孩子在餐桌上狼吞虎咽地吃东西时，不要因为他们像动物一样进食而批评他们。当有许多同类共同进食时，你在每一个物种中都能观察到这种疯狂的进食行为，从狮子到斑马，无一例外。

在与他人的对比和竞争中取胜，往往能使个体获得更高的权力和地位。个体在族群中拥有权力和地位，意味着占有资源，并拥有支配权。在很多社会性动物中，首领享有更多的食物，并决定族群内食物的分配。同时，权力和地位还意味着交配权，当雄性黑猩猩打败族群中其他对手成为族群首领后，它就获得了交配权，即拥有了繁衍后代的权利。

这会让我们常常产生“必须成功，不能失败”“必须在竞争中胜出，必须不断与他人比较，绝不可以比别人差”的想法，这种想法又让我们在看到周围人比自己强的时候产生自卑或嫉妒的心理。

说到底，我们这些思想、行为和情绪，正是由我们的“出厂设置”引发和衍生的。就算现在的我们所处的环境安全、资源富足，我们早已不是百万年前的人，但百万年前的生存本能还是一刻不停地作用在我们身上。如果把人类的历史浓缩为 24 小时，那么我们进入科技文明的时间也才不过几秒而已。对人类演化的整个历程而言，这样的时间实在是太短了，是远远不够的。

所以，“自我保存”的倾向，即确保自己在短期内获得生存和繁衍的倾向，就在我们每个人身上持续不断地起作用。

如果说自我保存的倾向，也就是确保自己在短期内获得生存和繁衍的倾向是人类的唯一倾向，那么我们就会草率地推理出：人与其他动物毫无差异。

但是，我们都知道，人并不是普通的动物。

由此，我们可以得出一个非常确定的推论——人性，绝不仅仅包含了“自我保存”的一面，它一定还有其他的面向。那么，除了自我保存外，人性还有怎样的面向呢？

第 2 节　恐惧与成长：存在于每个人内在的一组力量

平时，我遇到最多的提问是关于职业选择的，比如前文提到的："我究竟该继续做现在这份安稳的工作，还是该去做另外一份有挑战、有风险，更能发挥我的天赋、热情或让我觉得更有价值的工作？"

假如人性的特点仅仅是"自我保存"，即确保自己在短期内获得生存和繁衍，那么他们这种持续且普遍的困扰又从何而来？毕竟，如果人性的特点仅仅是"自我保存"，那么他们根本就不会有各种各样的内心纠结，因为选择现在这个正在做的、更安稳的工作，显然就是最符合"自我保存"这一人性特点的。

可见，在"自我保存"的人性特点之外，还普遍存在着另一种非常强烈的人性特点，那就是活出自己的天赋、价值、潜力和意义的强烈倾向。

这也是我在做个人成长教练和生命教练时的重要发现之一，虽然大家都在说"躺平"，但从对现实人生的观察和体验中，我发现极少有人是真正想"躺平"的。这就是我们每一个人身上固有的，想活出自己的天赋、价值、潜力与意义的强烈倾向，也就是"自我实现"的倾向，它是"自我保存"倾向之外的另一个人性特点。那么，到底什么是"自我实现"的倾向呢？

心理学家马斯洛认为，在我们每个人的内在都有一组互相冲突的力量（见图 1-1），这组力量中的一股力量出于恐惧而追求安全与防御，倾向于退行，执着于过去，害怕脱离与母亲的子宫和乳房的原始联系，害怕尝试和冒险，害怕危及自己已经拥有的东西，害怕独立、自由、分离；另一股力量则驱使着个体走向完整的、独特的自我，推动其所有能力的充分发挥，使其在接纳自身最深层的、真实的、无意识的自我的同时，自信地面对外在世界。

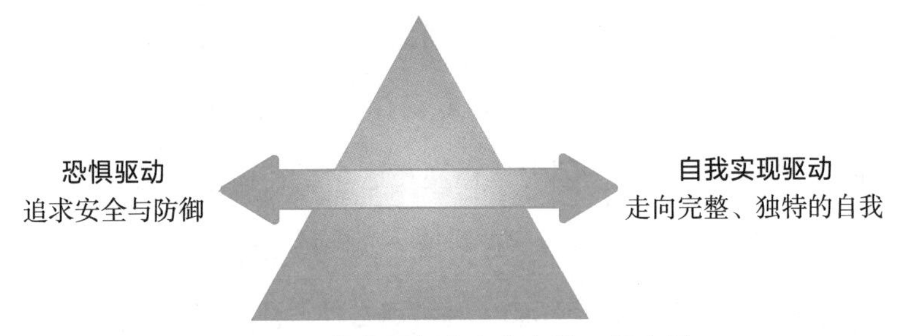

图 1-1　存在于每个人内在的一组力量

马斯洛认为，这组防御性力量与成长性力量的持续冲突和基本困境，正是植根于人类最深层的本性，无论是现在还是未来，都会永远存在。同时，从得到的一切证据（主要是临床证据，也有其他研究的证据）也能看出，**几乎每一个人，每一个新生儿，都有一种趋向成长或趋向实现潜能的冲动。**

在我看来，这股趋向成长或趋向实现潜能的冲动，正是蕴藏于我们每个人身体内的“自我实现”的人性特点，也就是想要活出自己的天赋、价值、潜力和意义的强烈倾向。

事实上，不仅是马斯洛，多位不同的思想家和哲学家，比如亚里士多德、柏格森，都以某种形式推测出了存在于人本身的自我实现倾向。而在精神病学家、精神分析学家、心理学家当中，戈德斯坦、布勒、荣格、霍妮、弗洛姆、罗杰斯等人也都发现了人的自我实现倾向。

“自我保存”的人性特点，是一种倾向和本能，“自我实现”的人性特点，也是一种倾向和本能，它们都是我们作为人而具有的不得不如此的倾向和本能。而后者不仅是人的倾向和本能，同时也是人与其他生物的重要区别之一。对“自我保存”的满足，能够带来解脱和放松；对“自我实现”的满足，则能让我们的内心获得更为深刻的幸福、平静、富足。

如果我们能把自己与生俱来的“自我实现”倾向彻底活出来，那么最终我们就会成为“自我实现者”。按照马斯洛的定义，自我实现者正是那些能够充分开拓和利用自己的天赋、才能、潜力等因素，实现自己的愿望，对自己力所能及的事情总是尽力去完成，使自己不断趋于完美状态的人。

作为人，我们都有这两种倾向和本能，但是为什么最终只有少数人活出了“自我实现”倾向主导的人生，而大多数人终其一生都活在“自我保存”倾向主导的人生里？

我认为，其中的关键在于：这个本就存在于我们内在的“自我实现”的倾向，是否被我们看见了、意识到了，然后顺应了它的需求，并最终让它自然而然地生发了出来。

事实上，这个本就蕴藏于我们每个人身上的“自我实现”的倾向，需要我们自己去感知。

当这个倾向开始变得强烈时，它并不会用明确且正向的方式告诉你：“你要自我实现！你要自我实现！你要自我实现！”相反，它会用迂回的方式让你接收到它的冲动。**这些迂回的方式包括：出现在你内心的挥之不去的困惑、强烈的内在冲突、持续不断的精神内耗，甚至是时不时就会出现的剧烈痛苦。**

我团队的佳佳曾有一份稳定的工作，收入不错，工作压力也很小。但是，她心里始终萦绕着一个困惑：“这种我一眼就能看到头的人生，难道就是我想要的人生吗？”

这个困惑给她带来了持续几年的内耗，在这种内耗下，她无法继续去过与之前完全一样的生活，于是，她开始在业余时间尝试各种事情，包括海外代购、公司兼职等。这些尝试让她内心的冲突得到了一定程度上的缓解，但并没能从根本上得到解决。

在做那份工作的第五年，她遇到了一个机会，一位朋友邀她一起创业。这时，她内在冲突中的一方开始逐渐占据上风，使她下定决心，辞去了被人艳羡的稳定工作，开始与朋友共同创业。

最初，在佳佳身上只有一个非常明显的力量在起作用，那就是“自我保存”倾向的人性特点。但是，随着她年岁渐长、经历增多，本就存在于她身体里的另一股“自我实现”的力量开始变得越来越强。于是，这两股力量开始了旷日持久的冲突和较量。随着“自我实现”力量逐渐变强，两股力量越来越势均力敌。这时，她内心深处的冲突也开始变得越来越剧烈。后来，随着“自我实现”力量的逐渐变强，她辞去了稳定的工作，跟朋友一起开始了创业。

可见，“自我实现”的倾向和本能并不是以“你要自我实现！你要自我实现！你要自我实现！”的呐喊出现在她心里。相反，出现在她心头的是一个挥之不去的困惑：“这种我一眼就能看到头的人生，难道就是我想要的人生吗？”然后是持续很久的内心冲突和精神内耗。

所以，如果你发现在你心中始终有挥之不去的困惑，比如“难道我就这样过一生？”“我好难受啊”“这样的生活真没意思啊”，或是强烈的内心冲突、持续不断的精神内耗，甚至是时而感到的痛苦——那种感觉自己被束缚、被限制、被压抑的痛苦，可能就意味着你“自我实现”的倾向和冲动正在变得越来越强烈。

通常来说，在两种人性本能中，“自我保存”倾向往往占据上风。

这很正常，因为当我们处于严重匮乏的状态时，比如生理需要、安全需要、归属需要、爱的需要、自尊需要中某一个或某几个很匮乏时，我们是很难感知到自己内在还有“自我实现”倾向的。毕竟，这些需求中的每一个都称得上是“事关紧要”，每一个都能牵动我们最根深蒂固的本能。所以在这个阶段，我们对它们的追求会成为第一位，而我们的心理能量也会集中在如何满足那些基本需要上。

当然，这一点也并非绝对。

有些人，虽然生理需求和安全需求并未被满足，在只是勉强满足三餐的情况下，也能过上以“自我实现”为主导的人生，以至毫无匮乏之感。最典型的例子就是孔子最得意的门生颜回，《论语》说颜回是“一箪食，一瓢饮，在陋巷，人不堪其忧，回也不改其乐”。

当然，大多数普通人都是在基本满足了“自我保存”的需要后，才会进入以“自我实现”为主导的人生阶段。

我也经历过这样一个从“自我保存”为主导到“自我实现”为主导的转变。在刚参加工作时，我最渴望的就是赚钱，让父母过上好日子，不再为钱担忧。同时，我还想“出人头地”，这个想法源自想获胜的心态，而想获胜的心态又来自“自我保存”的人性特点。可见，在刚刚工作的那几年里，我已在不知不觉间被“自我保存”的人性特点牢牢地主导了。

但是，随着收入越来越多，生活越来越富足，来自内心的冲突也开始变得越来越多，越来越剧烈。

有几个问题总是轮番出现在我的头脑中——“这就是你想要的人生吗？”或“这样的人生不会让你感到遗憾吗？”

对此，我每次的回答都是：它曾经是我想要的，但现在已经不再是了，如果就这样过一生，我肯定会深感遗憾。

即便如此，每当朋友向我发出一起创业的邀请，我一方面非常心动，很想好好去发挥一下自己的天赋，发掘一下自己的潜力；另一方面又很难放下眼前稳定的工作，害怕失去每个月丰厚的工资。可是，每当在工作中感到意义的缺失、感觉自己的天赋没有被看到、潜能没有被充分发掘时，我都会无一例外地陷入又一轮的精神内耗。

那些年里，我感觉自己一直都在挣扎，总在寻找新的出路，却始终找寻不到。于是，我一次又一次缩回到安全的“洞里”，维持现状。

这样的事发生过很多次，持续了好几年，直到我逐渐明白，这两股来回拉扯着我、总让我陷入痛苦内耗的力，正是每一个人都有的人性特点。明白这一点后，我知道是时候做出更好的选择了。就这样，我辞去了工作，开始做自己一直想做的事。在那之后，我活出了“自我实现”主导的人生。

过上“自我实现”主导的人生，并不意味着从此变得富有或活得轻松，但这的确最大程度地运用了我的天赋、匹配了我的热情、挖掘了我的潜力，让我活出了真正的意义感与价值感。

我曾打过一个比方：辞职之后，我才意识到原来我一直都是老鹰，只要展开翅膀，就能在空中翱翔，清风拂面、阳光灿烂，御风而起，自在悠游。

在辞职后的几年里，我终于体会到这种“自我实现”的感觉。

相反，过去那些年我只是表面风光，实际却像一只被绑住了羽翼塞入笼中与鸡无异的老鹰。甚至在很长一段时间里，我都把自己当成了鸡，以为自己就是那么一只每天只琢磨着如何吃米，如何多吃点米的鸡。

鸡和鹰，看起来有相似之处，却有很大不同，前者是生命力匮乏的表现，纯粹活在“生存之旅”中，后者是生命力展开后的模样，活在“英雄之旅”里。

可以说，当一个人活出了自己的天赋、价值、潜力和意义时，他就会进入完全投入、天人合一的状态。而如果一个人一直在这样的状态中努力，总有一天，他会有所收获。

第 3 节　三条路径：从“生存之旅”到“自我实现之旅”

心理学家威廉·詹姆斯说，一般人只开发了自己 10% 的心理潜能。他写道：“与我们应该达到的境界相比，我们实际上处于半醒状态。我们只利用了自己身心资源的很小一部分。泛泛而言，人们还远没有达到自己的能力极限，我们拥有各式各样的能力，却一直没有善加利用。”

詹姆斯所说的一般人，正是那些虽然也有“自我实现”的倾向，却最终没能“自我实现”的人。

这样的人生，是多么可惜啊！

可是，要从“自我保存”主导走向“自我实现”主导，又谈何容易？

的确很不容易，所以我为大家准备了三条不一样的路径，你可以根据自己的实际情况进行选择。它们分别是：转化法、齐头并进法和跳跃法。

路径一：转化法

“转化法”的意思是，继续现在的工作，同时在现有工作中完成从“自我保存”到“自我实现”的转化，一开始可能只是部分转化，慢慢地，可能获得完全转化。

比如，我的一位学员西西，她用的就是“部分转化法”。她是怎样做的呢？她告诉我：

原来，我的工作中有很多冲突和痛苦，让我很想辞职。后来，我问了自己一个问题：“我现在的这份工作，有哪些点与我的天赋密切相关？”

然后，我发现我工作中文化输出和理念传达的部分正好与我“想要与他人和更大的世界产生联系”的天赋密切相关。每当我想到自己此刻正在做的工作可能会给网络另一端的人带去新的观念，我都会充满激情，瞬间兴奋起来。于是，我就开始围绕文化输出和理念传达做了很多事，在做这些事时，我感觉自己就像花儿在绽放一样，既喜悦又满足。

西西说的这种——“像花儿在绽放一样，既喜悦又满足”的感受，正是自我实现的感受。虽然她没有像我那样选择辞职，但通过在现有工作中挖掘与自己的天赋相关之处，并全身心地投入，也让她获得了部分的自我实现。

我的另一位学员 Lily 是一家很有前景的创业公司的 CEO，她使用的则是“全部转化法”。

Lily 这样描述她的转化经历。

以前，每当有人问我想把公司做到多大时，我总是回答不出。这让我非常痛苦，因为我对做事业并没有什么野心，成为 CEO 也是机缘巧合。同时，通过探索，我清晰地知道我的天赋都集中在对人的关注以及对关系的处理上，我喜欢培养人，喜欢挖掘人的潜力，我善于感知人的情绪，也喜欢和谐舒适的人际氛围，这些才是我真正关心和擅长的。

所以，作为这么大一家创业公司的 CEO，我时常感到自己是拧巴的，有段时间我甚至很想辞职。一方面，作为 CEO 我必须把这家公司做大做强，否则，投资方和员工都会非常失望；但另一方面，对我自己而言，我的关注点和兴趣点始终都不在把公司做大做强上。

经过一年多的探索，我终于找到了自己的方法：现在，我把自己看作这家公司的母亲，而我的任务就是把这个孩子的潜力彻底释放出来，就像我喜欢去释放员工的潜力那样。所以，我不是这家公司的主人，我只是它现在这个阶段的监护人，它做大做小是由它所处的时代和行业，以及公司里所有人的努力决定的，并不是由我一人决定的。这样一来，我跟这家公司就是彼此独立的个体，它是一个非常有天赋的“小孩”，处在非常好的时代机遇里。而我只是它在这个阶段的“母亲”，负责释放它本自具足的潜力。

在这个过程中，我既培养了公司，也释放了自己的天赋和潜力，再也不必去过以前那种十分拧巴的生活了。

从这段描述中，我们可以看到Lily使用的获得自我实现的方法，并不是辞职，而是在当下工作中通过对原本与自身天赋无关的工作的巧妙转化，重新找到了工作的热情和动力。

“转化法”的好处是非常稳妥，无须做出大的转变。但前提是需要对自己的天赋有非常深入的了解，因为只有这样才能在不换工作，只转换思路的情况下，在现有工作中达成对释放自己天赋的满足，并走上自我实现的道路。它适合那些对自己的了解深入而全面，且头脑灵活的人。

路径二：齐头并进法

“齐头并进法”意味着在一段时间内，你得同时做两件事，一件事是继续维持现有的生活，也就是对“自我保存”的满足；另一件事是在“自我实现”的方向上做出尝试和努力，并最终走上这条道路。

日本著名小说家村上春树走的就是这条路。

最开始，村上春树和妻子经营着一家店铺。有一天，他忽然意识到自己很想写小说。于是，他就一边经营店铺，一边写小说。然而，因为经营店铺需要记账、检查进货、调整员工的日程，他每天都得忙到深更半夜店铺打烊后，才能坐在厨房的餐桌前写稿子，一直写到昏昏欲睡。经营店铺与写小说“齐头并进”的生活持续了将近三年。他渴望写出一部气势恢宏、内容坚实的小说的心愿变得越来越强烈，于是决定专心写作，不再经营店铺。那时候，他的店铺收入远远高于写小说的收入，所以周围的人都很反对他。但是，他没有听从众人的劝告，而是将店铺转让出去，开始了做职业小说家之路。

“齐头并进法”的好处是稳妥，不用一步跨得太大，缺点是非常辛苦，一方面要照顾“自我保存”的需要，另一方面还要在“自我实现”上做出努力，需要二者兼顾，直到时机成熟。它很适合那些精力旺盛，且希望稳妥安全的人。

路径三：跳跃法

“跳跃法”意味着从对“自我保存”的满足，直接跨越到对“自我实现”的满足。

动物学家、动物保护者珍·古道尔，走的就是这条路。

珍·古道尔从小就痴迷于动物，为了攒够去非洲观察动物的钱，她去当女招待和女秘书，攒足钱后立刻前往非洲。为了观察黑猩猩，她在原始森林中度过了38年，后来还因此与相爱的男人分开。之后，她奔走于世界各地，呼吁人们保护野生动物、保护地球环境；建立了致力于野生动物研究、养育和保护的珍·古道尔研究会，在全世界推进野生动物的研究工作。

“跳跃法”路径的好处是能让人很快进入对“自我实现”的满足状态，缺点是失控感比较强，安全感不足。它适合那些内心强大，想要快速进入状态的人。

第 4 节　消除两大阻碍，从此轻装上阵

以上三条路径为我们提供了从“自我保存”主导走向“自我实现”主导的简易“地图”，但有了这个“地图”还不够，我们还要去破除两大阻碍。

第一个阻碍是对金钱的匮乏感，始终觉得“自我保存”是第一要务，觉得自己赚的钱不够多，安全感也不够足，因此对“自我实现”的冲动视而不见或长期压抑；第二个阻碍是逃避走上更卓越道路的可能，不敢走上“自我实现”的道路。

第一个阻碍：对金钱的匮乏感

大多数人是在基本满足了“自我保存”的需要后，才会进入“自我实现”为主导的人生阶段。

这就产生了一个问题——到底要达到怎样的标准，才算是基本满足了“自我保存”的需要？如果我一直觉得钱没赚够，如果我一直觉得我拥有的东西还不能让我感到足够安全，如果我对金钱和安全始终有着强烈的匮乏感，我又该怎样走向“自我实现”呢？

我想，这可能正是很多读者的心里话。因为对大多数人而言，对金钱和安全的匮乏感始终都在——无论我们赚了多少钱，无论我们拥有多少财富，我们依然感到不安全、不满足，还是想要更多更多。

这个问题在我提出辞职前深深困扰过我。那时的我，只要一想到即将“裸辞”，以后再也看不到银行账户上每个月的固定收入，强烈的金钱匮乏感以及由此而来的安全感的缺失，就骤然而至。

这个现象让我深感困惑：在职场工作的这些年，我已经攒到了足够多的钱让我可以在很长一段时间内维持与之前同等品质的生活，可是我为什么还有如此强烈的金钱匮乏感呢？

直到我意识到，对金钱的匮乏感，并不是由于真正缺乏金钱，它只是一种永不满足的感觉。事实上，这种感觉永远都在，除非我们学会了如何管理自己的欲望。

最开始，我们赚钱是为了满足“自我保存”的倾向，然而随着时间的推移，生活品质的提升，我们并没有止步于对“自我保存”的基本满足，而是陷入了永远都无法满足的欲望中。

这样做的后果是：我们始终都无法从“自我保存”主导的人生走向“自我实现”主导的人生。

那么，我们又该怎么做呢？

我们可以做的是：保留对正常需求的满足，同时对超过正常需求的欲望保持警觉。

比如：一日三餐吃得健康营养，就是正常需求，每一餐都在外面大吃大喝，就是“欲望”了。对正常需求的部分，我们应该充分满足；同时，对超过正常需求的“欲望”部分，我们需要保持警觉，不要被持续膨胀的“欲望”牵着鼻子走。否则，我们终其一生都很难走向“自我实现”主导的人生。

需要注意的是：**不要去消除自己的“欲望”（当然你也消除不了），你要做的只是去觉察它的存在，并觉察它是否正在向着越来越膨胀、越来越夸张的方向发展。能够做到这一点，就足够了。**

讲得更具体一些，你可以做的是：试着去规划满足自己“自我保存”的基本需要，在这部分里，你需要多少存款和财产。然后，把这部分与你现有的资产情况做个对比。如果你对“自我保存”的基本需要大于你现有的资产，说明你真的存在金钱匮乏问题，你需要好好赚钱；相反，如果你对“自我保存”的基本需要小于你现有的资产，说明你的匮乏感不是由于真正的匮乏，而只是一种感觉——匮乏感。在做出这样的比较后，你对金钱和安全的匮乏感就会自然而然地消失。

第二个阻碍：约拿情结

什么是约拿情结？

约拿情结是一种防御，它代表着对于自身杰出的畏惧，或是对自己能够更卓越命运的逃避。

几乎所有人都有可能比现实中的自己表现得更好，我们都有未被利用或未完全开发的巨大潜力。可惜，在生活和工作中，有些人却在潜意识地逃避着自己的天赋、潜力，甚至“天命”。他们害怕自己的最高可能性，害怕变成自己在最完美的时刻、在最完善的条件下、以最大的勇气所能设想的样子。

这就是约拿情结，它不是所有人都有的情结，部分人才有。

对“约拿情结”，心理学家马斯洛做过一个小小的试验。他说：

我发现很容易就能用我的学生来证明“约拿情结”。只要问他们“你们班里谁最有希望写出最伟大的美国小说？谁想成为一位参议员、州长、总统？谁想成为一位伟大的作曲家？谁想当联合国的秘书长？谁想成为施韦泽那样伟大的人？谁愿意成为一位伟大的领袖？”

这时大家都会突然咯咯地笑起来，羞愧而不安，直到我再问“如果你不当，那么谁来当？”

这自然是真理。当我以这种方式推动我的毕业生们趋向这些更高的抱负水平时，我又说“你们现在要写的伟大心理学著作是什么？”

这时他们常常显得很难为情，并支支吾吾，设法避开我。但是，我难道不应该问那样的问题吗？除了心理学者，还有谁会写心理学著作？

于是我继续问“你不打算当心理学家吗？”

“当然想。”

“你受的训练是要当一名缄默的心理学家吗？那样有什么好处吗？不，你应该想当一流的心理学家，当你力所能及的最优秀的心理学家。但是，假如你顾虑重重，只打算从事次于你力所能及的事业，那么我就要警告你，在你的余生你将深感不幸。你会逃避你自己的能力，以及你自己更高的可能。”

如果正在读这本书的你，恰好发现自己也有“约拿情结”，正在逃避自己的能力，以及自己更高的可能性。那么也许你可以像马斯洛说的那样向自己提问：“难道我不打算过一个更好的人生吗？”

事实上，我们每个人都有实现自己更大潜力的可能，所以，请不要逃避这种可能，而要让这种可能变成现实，从而绽放出蓬勃的生命力，不负此生。

哲学家叔本华的母亲在给年轻的叔本华的一封信中这样写道：“你 3 月 28 日那封严肃而平静的来信，使我完全读懂了你的心，同时也使我警觉，你很可能走上了一条完全错失自己‘天命’的路！因此我必须尽一切可能来拯救你。我深知过着违背自己灵魂的生活是多么痛苦，如果可能的话，我亲爱的孩子，我绝不让你受这样的苦。亚瑟，仔细考虑一下并做出选择，但要坚定。”

在选择“自我保存”和“自我实现”的问题上，叔本华的母亲勇敢地选择了后者，而那时年轻的叔本华还在十字路口徘徊。母亲劝他不要走上完全错失自己“天命”的路，否则痛苦会如影随形。

这个道理对于每个人都一样，我们可以选择“自我保存”主导

的“生存之旅”，也可以选择“自我实现”主导的“英雄之旅”，这一切不仅是我们自己的选择，也是发挥了勇气和智慧的结果。

最后，我想说的是：我们要做的不是“反人性”，而是“超越人性”。毕竟，“自我保存”的人性特点是我们反对不了的，因为人性本就是每个人不得不如此的本质倾向。但是，我们可以超越它——超越“自我保存”的人性特点。因为超越，正是包含却又不止于此的意思。所以，当我们超越了“自我保存”的人性特点时，我们就不止于此。这时，我们就走向了“自我实现”主导的人生阶段。在这个人生阶段，我们的天赋、潜力和价值将得到充分的释放，我们将会找到生命的意义，活出蓬勃的人生。

|第 2 章|
面对痛苦的四层境界

我们的心灵本来就会被一而再再而三地击碎，这并不意味着内在的支离破碎，而是击碎外在坚硬的铠甲，让光芒和真正的东西由内而外地透出来。当我们感受到内在在破碎，意味着我们正行走在一条深刻蜕变的旅途上，而最终，是崩溃还是飞越，都取决于我们是否愿意并有能力与这份苦难建立正向的关系，生命非常痛苦和艰难，它会深深触碰我们，当我们能够允许自己的光逐渐透出来，那么一切痛苦都是值得的。

——**斯蒂芬·吉利根**

第 1 节　抗拒和逃避

谁的人生，不曾经历痛苦呢?

按照亲身体会，我们感受到的痛苦大抵是这三类：第一类是身体上难以消除的疼痛或不适；第二类是由身体上难以消除的疼痛或不适所引发的心灵和精神上的痛苦；第三类是因为遭遇外在冲突、分离、得不到、背叛、损失、失败、被批评、被恶意攻击、内在冲突与纠结、迷茫、嫉妒等产生的心灵和精神上的痛苦。

我的日常工作之一，就是去倾听来自不同的人的真实故事，而痛苦正是时常出现的主题。在倾听的过程中，我逐渐发现，人们看待痛苦的方式很不一样。可以说，每个人都有他自己的“痛苦观”，而每个人不一样的“痛苦观”，又会在一定程度上决定他的人生。

在过去的人生岁月里，我对“痛苦”也有很多体验，围绕这个主题，我做了非常多的阅读、思考和观察。基于这些体验、阅读、思考和观察，我把人们看待第二类痛苦（即由身体上难以消除的疼痛或不适所引发的心灵和精神上的痛苦）和第三类痛苦（即因为遭遇外在冲突、分离、得不到、背叛、损失、失败、被批评、被恶意攻击、内在冲突与纠结、迷茫、嫉妒等所带来的心灵和精神上的痛苦）的方式划分成了四个层级，基本概括了我们看待痛苦的不同方式，也可以说是面对痛苦的四层境界（见图 2–1），分别是：抗拒和逃避层级、臣服层级、转化层级、不介意层级。

图 2–1　面对痛苦的四层境界

第一层级：抗拒和逃避层级。

学员晓勉曾跟我讲述自己被诈骗十几万元的心路历程。

事情刚发生时，他认为这是自己不可饶恕的“罪过”，为了不面对这个错误，他甚至考虑过自杀。后来，他的心头时常被一个非常强烈的想法萦绕：“我都犯下这么不可饶恕的错了，怎么还能和以前一样呢？”于是，他每天督促自己做各种各样的改变，包括早起、记日记、健身等。这样过了一段时间，他忽然发现，就算做再多的改变，也无法弥补被骗十几万元的错误，这个想法让他陷入又一轮的痛苦。在那之后，他开始了每天打游戏的生活，工作没了也不去找。仿佛只有这样，才可以不必面对真实世界里的一切，而已经发生了的被骗事件也能被当作从未发生过。就这样，在很长一段时间里，他把被骗一事看成人生中的重大污点，不仅自己无法面对，也从未跟身边的任何人谈起。慢慢地，这份不愿面对的痛苦变得越来越强烈，而他也终日沉湎在愤怒、自怨自艾、痛苦、焦虑、烦躁、自我怀疑等各种负面情绪中难以自拔。

在被骗事件发生后的最初两年里，晓勉一直停留在面对痛苦的第一层级，也就是抗拒和逃避痛苦的状态里。

什么是抗拒？

抗拒说的是，当现实中已经发生的事情与早就存在于我们头脑中的要求和期望之间产生了巨大的差距时，我们内心产生了非常强烈的抗拒——拒绝接受这个已经发生的现实，希望一切都能回到从前。这时，我们往往会说：“为什么是我？”“我到底做错了什么？”“我怎么这么倒霉？”“这是假的，这不是真的。”

从本质上说，抗拒是通过不接受、自责、责备和抱怨他人等方式，对当下已经发生了的事情大声说“不”。所以，抗拒痛苦的形式就包括了激烈的自责、怨恨、持续的抱怨等。

只可惜，“抗拒”不仅对解决痛苦毫无帮助，还会加深痛苦的程度。

很多年前，我在出差时不小心摔伤了膝盖，心急如焚地看了几位专家，却没能得到有效的治疗。这个受伤的膝盖让我寝食难安，一个小小的屈体动作就能让它啪啪作响，有时站立一会儿就会觉得疼痛。那段日子，我每天想的都是：“我为什么这么不小心？”“那个用旅行箱把我绊倒的人怎么那么可恶！”“老了以后，如果我膝盖疼得走不了路怎么办？”这些念头就像悬在头顶的利剑，周而复始，让我在那些日子担心得喘不过气。

原本，摔伤的膝盖只会带来身体上的痛，但是，在我的持续抗拒下——我想让它恢复成原来的状态，我责备自己不小心，我怨恨那个绊倒我的人，就这样除了身体上的痛，我又有了新的痛苦，即因为膝盖摔伤而产生的担忧、焦虑和抱怨。我的痛苦就加倍了。

类似的例子还有很多，正是这些事情让我深深地意识到：对痛苦，我们不能抗拒，因为越抗拒，就越痛苦。

那么，如果选择逃避，结果会不会好一些呢？

逃避说的是，当遇到痛苦时，我们埋头于其他事情，不去想这个不可改变的事实，假装一切都没发生过。这种逃避行为，往往是在无意识状态下发生的。也就是说，当感到痛苦时，我们常常会很自然地进入逃避状态，无意识地做一些转移自己注意力的事情。

刷视频、打游戏、喝酒，做这些事的确能帮我们远离现实中的问题或痛苦，当沉溺在这些事情中时，我们的意识会被弱化，这样一来，我们心灵和精神上的痛苦就会得到很大程度的缓解。

直到有一天，之前一直逃避的痛苦从一个小洞演化成了巨大的窟窿，让我们避无可避，不得不直面更大更深重的问题或痛苦时，我们才会重新回归现实。可惜，这时再去面对，常常为时已晚，对有些人来说，巨大的损失已经造成，再也无法挽回了。

我有一位学员就是这样，在婚姻中，他一直不愿意面对与妻子的矛盾，也不愿意与妻子进行开诚布公的沟通。相反，每当发生冲突，他都会逃避，要么出去跟朋友喝酒，要么躲在床上打游戏。在最开始的那些年里，妻子总会非常生气地骂他，要求他跟自己好好沟通，哪怕是吵架也要说出来。但他依然不愿面对。他的妻子慢慢绝望了、放弃了、不再做这种无用的努力了，直到有一天，向他提出了离婚。在那一刻，他才猛然意识到，原来正是最初对那些不起眼的冲突的逃避，才让这个矛盾的小洞演化成了一个巨大的窟窿，再也无法挽回了。

这，就是逃避带来的问题，一方面，它会把之前比较小的问题拖成大问题，造成无法挽回的后果；另一方面，它还会让当事人的心智随着意识的弱化而逐渐退化和萎缩。

原本，我们的心智会因解决当下问题或痛苦而获得提升，但持续的逃避，会让我们的心智得不到相应的锻炼，在“不进则退”的过程中，变得越来越弱。

如果一直用逃避的方式面对痛苦和问题，我们会慢慢变成心智弱小的人。这也是有些人虽然在生理上是成年人，心智却一直是小孩的原因。如果说锻炼身体是我们身体成长的必经之路。那么用正确的方式面对痛苦就是我们每一个人意识发展、心智成熟的必由之路。

同时，长期逃避痛苦还会造成各种各样的心理疾病。正如心理学家荣格所说：“逃避人生的痛苦，你就会患上神经官能症。”

当我们以沉迷游戏或酒吧来逃避痛苦和问题，并认为痛苦和问题会自然消失时，其实我们是在为未来的自己制造更为严重的问题与痛苦。

第 2 节　臣服

学员晓勉在被骗事件发生两年后，他对待痛苦的方式终于从抗拒和逃避转变到了第二层级，也就是臣服层级。

什么是臣服？

臣服说的是，轻快地接受已经发生的事情，就像杨柳接受风雨，水接受一切容器那样，也就是全然接纳一切已经发生的事实。所以，在臣服状态下，我们会对一切已经发生的事情说“是”，说“OK”。

因为痛苦是一种因抗拒而愈发深重的力量，它遵循的规律是：愈抗拒，愈痛苦；愈接纳，愈轻松。

明白了这个道理后，我马上向膝盖受伤的事实表示了臣服，不再抗拒。神奇的是，在那之后，我虽然没再对膝盖做任何治疗，它却随着时间流逝慢慢恢复了。[①] 这当然不是说有什么神奇的力量可以让身体疾病不治而愈，而是实际上身体疾病本就没有那么严重，是自己的抗拒情绪带来了无谓的痛苦。

事实上，我们每个人都有两次向痛苦臣服的机会。第一次臣服的机会是向当下已经发生的现实臣服。承认现实不能改变，它已然发生。当我们能够完完全全地臣服和接纳已经发生的一切时，我们就不会再有消极的心态，也不会再有心灵和精神上的痛苦。虽然确实被人骗了十几万元，但是因为我们没有抗拒这个已经发生的现实，所以我们既不会怨恨他人，也不会痛恨自己。

第二次臣服的机会是向内心的痛苦情绪臣服。如果我们不能接

---

① 类似事件的个体体验不同，请勿盲目照搬。——编者注

受外在已经发生的状况，那就接受自己内心的状况。什么意思呢？如果被骗十几万元让你深陷痛苦，那么此时你就不要再去抗拒这种痛苦的情绪和感受，而是允许它如实地呈现，向内心不断翻滚的痛苦臣服。然后，在不给它贴心理标签的情况下去觉察这些痛苦的情绪，甚至欢迎它们。慢慢地，随着你对内心痛苦情绪的臣服，痛苦会渐渐消散，内心会渐渐宁静下来。

臣服的道理，相信不少读者早就听说过，但是说起来容易做起来难，要想真正做到，就需要我们持续练习。

如何练习呢？

我是这样做的：当遇到痛苦时，我会把自己想象成一棵稻穗。随着大风大雨（即已经发生的事实和痛苦的感受）左右摇摆，风把我吹向哪边，我就倒向哪边。在这个过程中，我会卸掉自己身上的力，放松下来，跟随风雨的韵律和节奏摇摆，既没有挣扎，也没有抗拒。

我会默念一位朋友写的一句诗："我明黄熟透的安然，如一棵稻穗，或摇摆，或倒伏，但凭风。"

是的，但凭风——风把我吹向哪边，我就倒向哪边。这就是全然臣服。

看到这里，你可能会问"臣服是不是意味着我只能听之任之，不做任何努力了？"

并不是，臣服并非意味着我们不再做任何改变，它说的是我们的心境。在心境上，我们要有全然接纳和顺应的状态。但在行动上我们依然可以积极地解决自己遇到的问题。臣服不是“躺平”，它和解决问题的行动并不矛盾。

“痛苦不可避免，但折磨大可不必。”当我们选择了臣服，痛苦可能依然还在，但折磨却会消逝得无影无踪。

第3节 转化

《西部世界》是一部很有哲学意味的美剧，讲的是机器人觉醒的故事。剧中的机器人看起来与真人并没什么差别，它们也有思维和情感，只是它们的思维和情感是被代码设定好的，同时它们的所有记忆都会在当天夜幕降临时被彻底清除。

不料，一个叫梅芙的机器人因为代码程序出现偏离，开始产生非常痛苦的记忆。因为这些痛苦的记忆，“她”开始发掘真相，追寻自由，并试图离开这个残酷的“西部世界”。

在正常人眼里，“痛苦”是人人避之唯恐不及的，但是在《西部世界》里，“痛苦”却成了机器人意识觉醒的重大契机。而一手打造“西部世界”的福特先生也认为：**“没有痛苦，就不会有意识的觉醒。”**

这是一个多么了不起的隐喻啊——没有痛苦，就不会有意识的觉醒。换句话说，我们一次次遭遇的痛苦，正是把我们推向更高层觉醒的动力。也可以说，我们之所以会痛苦，是因为我们有意识。

如果丧失了意识，人就不会再有痛苦；而意识越强，痛苦也就越深。生命的成长，不仅是身体的成长，更是意识的成长，而痛苦就是意识成长的必经之路。

由此可以推知，痛苦是我们意识成长、心智成长，以及生命成长的必由之路。把痛苦转化为成长路上的“礼物”，才算是对得起自己经受过的或正在经受的痛苦。

这就是第三层级的“转化”：把痛苦转化为生命的礼物。

来到这一层级，我们要做的是，把遭遇的不同痛苦，转化成生命给予的各种礼物。

本杰明·富兰克林说：“唯有痛苦才能给人带来教益。”

诗人济慈说：“生活是一条修炼灵魂的山谷。世界如此需要痛苦和麻烦，来练就一份智慧，将之锻造为灵魂。世间即一所学校，人心在其间用上千种不同的方式体会受伤。”

哲学家克尔凯郭尔说：“一个人也许能够做出惊人的伟业，了解深奥的知识，但是对自己却一无所知。而失败与痛苦则能够引导一个人向内心省察，让他在内心开始真正的学习。”

记者马尔科姆·马格里奇说：“我可以完全真实地说，我来到这个世界75年以来所学到的一切，所有真正巩固和启迪我存在的东西，都是通过苦难而不是幸福得来的。无论是我所追求之物，还是我所获得之物，无一例外。”

说了这么多，就是要论证一个道理——我们能把遇到的痛苦转化成生命的礼物。

可是，转化又是如何发生的呢？

在这里，我为大家提供了一个完成转化的非常简单的方法。这个方法就是向自己提问：**“如果这份痛苦是上天给我的礼物，它是个怎样的礼物呢？”**

二十年前，我曾有过一段让我非常受伤的亲密关系。那时，我的男友在硕士毕业后想考博士，然后留在高校当老师。他想留的学校是国内最有名的高校之一，专业也是热门专业，竞争激烈，但因为他非常优秀，只要考上博士就一定能够得偿所愿。而那时我更希望他毕业后去外企工作，未来成为企业高管或总经理。我将自己的想法与理想强加给他，一遍遍地劝说他放弃考博、进入外企。

他是一个内向且不善沟通的人，面对当时有些强势的我，他很自然地选择了逃避。在这个逃避的过程中，因为其他女性对他的抚慰，他的感情发生了变化，我们因此分手了。

我遭遇了这样的打击，痛苦自然无可避免，但更让我备受折磨的是“为什么？”

直到分手一年后，我才终于把这一切想明白。我给他打了一个电话，告诉他：“我非常抱歉，因为我的控制欲，我把自己想要的当成了你想要的强加于你，并最终造成了你的痛苦以及你后来为此而走的弯路。我希望你能知道我的歉意。同时，我也想让你知道，正是这段经历让我开始思考和理解到底什么是‘爱’以及如何去爱。谢谢你，希望你一切都好。”

写下这段文字时，我的内心早已是千帆过尽、波澜不惊，但当时，我却因为和他分手痛苦了很长一段时间。

回首往事，我知道这份痛苦是我生命中极其重要的礼物——它让我第一次意识到自己身上的控制欲以及对爱的错误理解。在此之后，我开始学习如何爱，我开始明白，爱不是控制、不是依赖、不是占有，而是深深的理解和接纳，是支持对方去活出他的生命力。我也开始明白，如果一份爱是好的，如果两个人都是“对”的人，那么双方都能从关系中吸收到养分，绽放各自的生命力；相反，如果一份爱是不好的，或者两个人是“不对”的人，那么在这段关系中，双方都会越来越疲惫，也会越来越没有生命力。

这是一份影响到我后来整个生命的重要礼物，甚至可以说，如果没有收到这份礼物，我在后来的亲密关系以及各种人际关系上都会遭遇更大的，甚至无法挽救的挫败和痛苦。

类似的礼物，我还收到过不少。这些礼物，每一个都无比珍贵，它们提升了我的心智，拓展了我的意识。可以说，如果能够放下对痛苦的成见并勇敢面对，我们就会发现：**人生的痛苦大多具有非凡的价值与意义，超越了这些痛苦，也就超越了过去的自己，并抵达痛苦的对立面——拥有更成熟、更高阶的心智。**

可以说，那些持续困扰我们的问题和痛苦，就像打开我们内在潜能的钥匙，它们的出现意味着我们还存在没有解决的问题，我们还有需要提升的地方，如果选择逃避，这些问题就永远得不到解决。相反，一旦直面它们，寻求问题的解决之道，就等于开启了提升内在潜能的旅程。最终，在把这些问题和痛苦解决之后，我们可以更好地调动内在潜能，实现一次次的自我超越，得到与这些痛苦相应的礼物。

在把痛苦转化成礼物的过程中，我还发现了一个非常有趣的规律：**如果上天把礼物包装成痛苦派送给我们，我们却视而不见、充耳不闻，那么，这些没能送出的礼物会再次被包装成与以往不一样的问题、痛苦、挫折和失败，然后以不同的形式继续出现在我们的生活、关系和工作中。**

我的一位学员 David，他在工作中总是感觉公司有问题、老板有问题、同事有问题，于是每当在工作上遇到令他不舒服的事情，他的第一反应就是辞职。这个“辞职—找工作—觉得别人有问题—感到不舒服—辞职—找工作”的过程令他备感痛苦。

事实上，这个不断轮回的痛苦正是一个被包装成“痛苦”的礼物，可惜他一直没能真正得到这份礼物。所以，他就困在“辞职—找工作—觉得别人有问题—感到不舒服—辞职—找工作”的循环里走不出来。

多年之后，他终于获得了这份痛苦背后的礼物——原来这是因为在他的头脑中一直都存在着一个根深蒂固的观念：一切都该按照我设想的那样进行，不能有任何不顺心的事，否则我就该离开。

找到了深层原因后，他在我的引导下做出了调整，用更合理的观念替换了之前的观念。之后，这份痛苦给予的礼物就被他彻底接收到了，类似的痛苦也从他的生命中彻底消失。

问题、痛苦、挫折和失败每一次出现的方式和出现的领域可能相同，也可能不同。直到有一天，我们真正接收到了这份礼物，才能彻底走出痛苦的循环。否则，我们就会在类似的问题、痛苦，以及挫折中持续翻滚，备受折磨，永无止境。

我见过很多这样的例子，最严重的情况是，人在同一类型的问题和痛苦中兜兜转转很多年走不出来，最后得了抑郁症。所以，在遇到痛苦时，既不要抗拒和逃避，也不要陷在里面不断循环往复，而要通过“先臣服，再转化”的方式，把它们转化成生命的礼物。

拿到礼物的时候，就是痛苦消散的时候。

痛苦，除了可以被转化为我们生命中的礼物，还能成为我们规划人生的“重要线索”。事实上，我们每个人都是围绕着一系列困扰自己的问题以及解决问题的方案来规划人生的。

当然，这个过程往往是无意识的，是被我们的潜意识带着走的。

著名心理学家阿德勒小时候是个非常自卑的孩子。“自卑”困扰了他很多年，而他也一直围绕着这个困扰不断思考和实践解决之道。正是这个过程，使他最终成为著名的心理学家。

知名精神科医生和催眠大师米尔顿·艾瑞克森从小五音不全，有阅读障碍，直到青少年时他才知道字典是按照字母顺序排列的，他还是一个色盲，紫色是他唯一能够“享受”的颜色。17岁时，他因为曾患小儿麻痹症而严重瘫痪，中年时再度复发。但是，也正是因为这些痛苦，让他深刻理解了催眠，并开创性地将催眠运用在了对人的疗愈和转化上，成为了不起的催眠大师，最终帮助了很多精神病患者，也启迪了很多人。

心理学家森田先生，小时候由于被家庭强迫学习，导致害怕上学；7岁时，因为祖母去世，他曾一度陷入精神恍惚、默默不语的状态；12岁患夜尿症；16岁患头痛病，常常出现心动过速，容易疲劳。在高中和大学初期，他经常神经衰弱。然而，正是因为这些痛苦的亲身经历，森田决心从事精神卫生领域的工作。1904年，森田进入东京大学医学院专攻精神疗法，他从当时的主要疗法，如安静疗法、作业疗法、生活疗法中吸取精华，有机结合，最终创造出他自己独特的精神疗法。

他们都曾遭遇各种痛苦，同时，这些痛苦也都成了指引他们人生走向的“重要线索”。

我之所以走上自我探索与深度思考之路，一方面与我自身的天赋和特质、深层热情、核心价值观密切相关，同时也与我直面痛苦，并一次次解决痛苦的尝试和实践息息相关。

比如，遇到亲密关系破裂的痛苦后，我便开始阅读这方面的书，并持续不断地思考“什么是爱？”“什么样的亲密关系是好的亲密关系？”“我在亲密关系中的习惯性想法和行为是什么？它们背后的深层原因是什么？”等一系列问题，在问题和痛苦面前，我没有逃避，而是不断围绕着它进行持续的思考和行动。慢慢地，我找到了答案，解决了自己的痛苦，并在这个找寻答案、解决痛苦的过程中提升了自己的深度思考力，出版了思考力图书《直击本质》，并成为“帆书”App上“高效思考力提升课”的主理人。

遇到职业发展的痛苦后，我又开始阅读相关的书籍，并持续不断地思考“在职场中，我的思维模型、感受和行为方式是什么？它们背后的深层原因是什么？”“我似乎总在不断重复一个模式，为什么？”“哪些事情对我很有吸引力，哪些完全没有？吸引我的和令我讨厌的到底是什么？”“为什么当我在做某一类型的工作时总会感到痛苦？”“我发现自己似乎总在一个类似的地方摔倒，这背后的原因是什么？”“我的天赋优势是什么？”。慢慢地，我找到了答案，解决了痛苦。同时，在找寻答案、解决痛苦的过程中，我成了一名帮助别人发展优势的人，做了自我成长教练和心智模式提升教练，并自行设计了一系列全网独家课程，帮助越来越多的人消除痛苦。

所以，对人生中的各种痛苦，我们不要停留在“痛苦就是痛苦”的阶段，而要把自己遇到的痛苦进行一次次的转化，把它们转化成生命的礼物。同时，还要沿着这些痛苦给予的悄无声息的指引，规划自己的人生，找到人生的使命。

第 4 节 不介意

在 2022 年之前，我的“痛苦观”一直停留在第三层级，也就是“转化”层级。那时我认为“把痛苦转化为礼物”就是对待痛苦的最佳方式，几乎不可能还有比它更好的方式了。

直到 2022 年我生了一场病。那场病持续了一个半月，缠绵病榻的我忽然有了一个新的领悟——**如果在看待世界、看待事物时，不做好坏之分，不设二元对立，是不是就意味着不再有痛苦和快乐的分别了？**

我们之所以会说“什么是坏的”“什么是痛苦的”，原因就在于我们认为损失、失去、病痛都是坏的，所以当它们发生时，我们自然会感到痛苦。如果我们的头脑中本就不存在这样的概念，如果我们不把损失、失去和疾病当作“坏”的，那么在它们发生时，我们是不是就不会感到“痛苦”了？

在生病的日子里，我既要面对疾病本身带来的疼痛、忽然发病带来的恐惧、药物副作用带来的不适，还要面对中秋节也要在病房里度过的憋闷，以及对治疗效果不确定的担忧。原本，这些都是“坏”的，也都是“痛苦”的。但是后来，当我尝试不再给它们贴任何标签，并把它们都当作很正常、很自然的事，把这个过程当作生命中一段再正常不过的旅程，我发现，自己精神上的痛苦消失了，身体上的痛苦也减弱了。

这段经历，让我有了一种豁然开朗的感觉。

那是一种在消除了二元对立、好坏分别后出现的非常辽阔的平静感与极度自在的喜悦感。它不是我们平时经常感受的那种快乐，也不仅是“臣服”后的平静，它更像是悠然自得、平静喜悦地躺在广袤无垠的草地上时的宁静、喜悦和自在。

这种感受让我意识到，如果不在头脑中划分好与坏，不去制造二元对立，不认为跟朋友出去玩、吃顿大餐就是“好的”，同时，也不认为生病和失去就是“坏的”，而把它们都当成人生中一次又一次的旅行和体验，区别只是风景不同而已，那么，我们的心灵就会进入一种无好无坏、无忧无喜的状态。

这种宁静、喜悦、自在的境界与我们平时所追求的快乐和幸福是不一样的。

我们平时所追求的快乐和幸福是有条件的：如果我吃了一个冰激凌，我就会感到很快乐；如果我周末出去玩了，我就会感到很快乐；如果我的愿望都实现了，我就会感到很快乐……否则，我就会不开心，或是觉得不够好。

而我在这里所说的宁静、喜悦、自在的境界是无条件的，它不需要我们必须得到什么或必须实现什么，然后才能感到快乐和幸福，它是无条件的宁静、喜悦和自在。

这种状态，就是面对痛苦的最高境界：不介意层级。

这显然与大多数人的认知不一样。大多数人的认知是：人生就是要追求快乐，同时避免痛苦，也就是“趋利避害”。

但是，如果我们愿意深入本质去思考就会发现，快乐的背后隐藏着痛苦，痛苦的背后也隐藏着快乐。快乐和痛苦，本来就是一体两面，正所谓“祸兮，福之所倚，福兮，祸之所伏”。

只要我们将某种情况判定为“好”——不论它是一段关系、一份财产、一个社会角色、一个地方，或是我们的身体——我们的头脑和思维就会自然而然地执着于它，认同于它。我们得到它、拥有它，就开心，就自我感觉良好，并产生强烈的自我认同感；相反，失去它、损失它，就会痛苦，就会自我感觉糟糕，并产生强烈的自我怀疑和否定。

就像斯蒂芬·吉利根所说：“当我们寻找快乐时，我们就在头脑中确立了‘快乐应该是什么样的…’‘我要一直快乐，我要一直处于正向……’，所以每次感受到阴暗面时都想逃离。”

但其实我们都知道，这个世界本就没有什么东西或境遇是永恒存在的，一切都在不断变化着，这就是世界的本质。对不好的东西，我们一方面希望它永远不要发生在自己身上，另一方面却又无法控制它的出现。一旦它出现在自己身上，我们就会深感痛苦。

比如：你觉得跟朋友出去吃顿大餐是“好”的、“快乐”的，谁知老板突然打电话叫你回去加班，你一边加班一边痛苦。而你之所以感到痛苦，是因为你头脑中早就树立了“好”与“快乐”的概念，一旦出现相反的情况，你就立刻陷入痛苦。可是，如果从一开始起就消除掉了“好”与“坏”的区别，那么因为得到“好”而感受到的快乐，以及因为遭遇“坏”而感受到的痛苦，又从何而来呢？

对这个问题，心理学家马斯洛曾写下这样一段话：

快乐越多、痛苦越多；幸福越多，悲伤越多。当我们出神地、充满爱意地看着孩子在高兴地玩耍时，一种悲伤的感觉也会同时出现。因为我们知道生活中必不可少地会出现失望、痛苦和烦恼，这个孩子必然会遭受这一切。我们也知道死亡是无法避免的。因此，在所有幸福的时刻，悲伤也会同时出现，痛苦深深嵌在快乐之中。我注视着一朵美丽的花朵，常常感到悲伤，是因为我知道它终有一日会凋零，它的生命会结束，我知道我们不可能永远体验它的美，我们也会死去。如果你深爱着某个人，在你注视着她的时候，你会意识到她不会永远如此，她终将死去。换句话说，我正在根据实证研究的结果重新定义幸福。我要告诉你们的是，最幸福、最狂喜的时刻本身就包含着悲伤和心酸。

就是这样，幸福与它的对立面是不可分割的，我们的幸福和不幸是一个整体，只是时间的幻象把它们分开了而已。昨日的幸福和快乐，在后天也许就会成为不幸福和不快乐，二者不断转换。痛苦，正是这些欢乐不可分割的对立面，而这个对立面或早或晚都会显化出来。

印度哲学家克里希那穆提曾在一次采访中问记者：“你们想知

道我的秘密是什么吗？”这时，周围的人都立刻竖起了耳朵，端坐了起来，一副屏息期待的样子。然后，克里希那穆提用一种柔和、近乎羞怯的声音说：“我不介意会发生什么。”

“我不介意会发生什么”，短短一句话，就说出了面对痛苦的最高境界。它说的是，我并不期待未来符合我的要求，不论未来发生什么，我都不介意。这样一来，自然就不会产生所谓的痛苦了。

他之所以能够做到这一点，我想一个非常重要的原因是：在他心里，并没有“好境遇”与“坏境遇”的区别，也没有“快乐”和“痛苦”的区分，所以无论发生什么，对他来说都没有本质区别。

到达这一境界的人，接纳一切，所以难得不喜悦。

当我们不再介意会发生什么，当我们接纳一切，就会进入“日日是好日”的人生境界。

日日是好日，每一天都是有不同风景的旅程，每一天都有每一天的独特滋味。

我们要做的就是去体验这旅程，感知这滋味。过去，我们会把旅程分为“好旅程”与“坏旅程”，把滋味分为“幸福的滋味”与“痛苦的滋味”。现在，我们可以试着不做区分。然后，在下雨的旅程中听雨，在下雪的旅程中观雪，在夏天的旅程中体会酷暑，在冬天的旅程中感知寒冷。这样一来，日日变化，日日是好日。

每个人的人生都是起起伏伏的，没有谁的人生会是一条持续上扬的直线，坎坷波折当然不可避免。**如果我们心里始终存在好与坏**

的对立，那么就会时而快乐，时而痛苦。相反，如果模糊了这种对立，我们就可能进入“日日是好日”“年年是好年”的心灵境界。

如果我们对遇到的每一种生活境遇，总能说出“好”“欢迎”，比如，面对人生的低谷时，我们平静地说出“欢迎你，人生的低谷”；面对疼痛的折磨时，我们平静地说出“欢迎你，疼痛”，那么，我们就会感受到那种来自内心深处的宁静、喜悦和自在。

这，就是面对痛苦的最高境界——不介意层级。这一层级因为消除了二元对立，所以从根本上化解了痛苦。当然，进入这种境界极不容易。你不仅需要拥有更多的智慧，更高的心智成熟度，同时也需要积年累月地自我提升。否则，这种境界即便出现，也只能是昙花一现。

第 3 章
选择三层级：外在成功与内在自得的关键

享受生活或在生活中受苦的根本区别在于：如果你心甘情愿地投入任何事情，那就是你的天堂；如果你心不甘情不愿地做任何事，那就是你的地狱。

——**萨古鲁**

第 1 节　从头脑混沌到条理清晰

我被问到的最多的问题是选择。

从选择哪个城市、选择什么行业、选择什么公司、选择什么工作、选择什么老板，到是否应该搬家、是否应该出国、是否应该分手、是否应该结婚或离婚、是否应该生娃、是否应该跳槽、是否应该创业、是否应该转行……

这些选择都有自己的结果，而我们就生活在自己选择的结果中，同时，这些结果也在塑造着我们自己。所以，几乎所有人都在意选择的好坏对错，毕竟谁都不想后悔，都希望自己的选择有坚实可靠的依据。

以前我也有选择困难症。因为选择，尤其是那些与人生战略方向有关的选择，比如事业选择与婚恋选择，一旦做出，就会深刻影响人生的走向，甚至在很大程度上决定人的命运。所以，每次做选择时，我都非常渴望做出“正确的”选择，同时，害怕做出“错误的”选择。可是越想做出好的选择、越不想后悔，就越容易陷入纠结和迷茫。

直到我明白了做选择的本质，这种持续多年的困扰才终于消失。

很多人之所以难做选择，是因为他们做选择的方式一直都停留在相对低阶的层级上。如果能够在最高层级做选择，不仅纠结、迷茫、困扰会消失，还会收获外在成功与内在自得。

我把“做选择”的方式分为以下三个层级。

第一层：内心纠结，头脑混沌。

第二层：条理清晰。

第三层：内心澄明。

它们分别是什么意思呢？接下来，我会逐一做出解释。

一位朋友跟我说最近想换工作，我问他：“为什么想换工作？”

他说：“现在的工作做得不开心。”

我接着问：“想换一个什么样的工作呢？”

他说：“我很迷茫，我也不知道。”

我又问道：“那你是想留在现在这个行业，还是想换个新的行业呢？”

他说：“我也不清楚。”

是选择现在这个行业，还是换个新的行业？是选择薪酬高但压力大的工作，还是选择轻松但薪酬低的工作？是选择自己喜欢但一切都要从头开始的工作，还是选择自己不喜欢但有工作经历的工作？

这些问题，他都毫无头绪。而且这些问题还掺杂在一起，成了缠绕在一起的线团，让他无所适从，不知该从哪儿解起。

如果这时生活还没把他逼到绝境，他想要的就只是逃离现在的工作，至于去向哪里，他也不知道；而如果生活恰巧逼了他一把，让他必须做出选择，那么他大概率会在慌乱之中稀里糊涂地做出决定。

这样的选择，结果可想而知，大多不如人意。

一艘船，如果总是行驶在浓重的雾气里，总是看不清方向，那么它触礁、遇到事故的概率就比其他船只高得多。一个人，如果每做选择都处在较低的层级，那么他的人生也会像这艘船一样，注定命运坎坷。

这就是做选择的第一层级——头脑混沌，内心纠结。

接下来，我们来到做选择的第二层级：条理清晰。

在这一层级中，大家通常会用“优劣比较法”。有人会简单想一下，琢磨两个选项哪个更好。有人则会认认真真地把两个选项中的不同评价维度一一列出，然后进行打分，再做比较。

比如：在选择要到哪个城市定居发展时，你可能会根据两个城市的绿地大小、空气质量、人文环境、经济发展、职业机会等进行打分，最后看哪个城市获得的总分更高，选择哪个城市。

在选择工作时，你可能会根据公司所在行业的发展前景、公司本身的实力、公司的文化氛围、老板的个人风格、薪酬水平、职位上升空间等进行打分比较，最后看哪个工作分数高，选择哪个。

假如你现在要做职业选择，有两家公司备选：公司 A 和公司 B，你按照“优劣比较法”，依次对公司 A 和公司 B 进行了评估，并画出了“职业选择优劣评分表”(见表3-1)，想根据最后评分做出选择。

表 3-1 职业选择优劣评分表

评价维度	公司 A	公司 B
公司所在行业的发展前景	5	3
公司本身的实力	3	5
公司的文化氛围	3	3
老板的个人风格	5	2
薪酬水平	4	3
职位上升空间	4	3
个人能力提升空间	5	4
工作强度	1	3
总分	30	26

画出这张评分表后，你按照不同评价维度分别对公司 A 和公司

B 进行了客观打分。比如：在“公司所在行业的发展前景”这一维度上，公司 A 比公司 B 要高 2 分；在“工作强度”这一维度上，公司A的员工经常加班，公司B的员工很少加班，所以从客观上来说，公司 A 比公司 B 在这个维度上要低 2 分。

最后，公司 A 的总得分是 30 分，公司 B 的总得分是 26 分，所以客观来看，公司 A 是你的更优选择，你应该去公司 A 上班。

然而这时，你却犹豫了，似乎有什么你非常在意的因素并未在这个打分表中得到体现。

是什么呢？

在仔细审视后，你发现在这些评价维度中，“工作强度”这一评价维度是你最在意的，你不想去工作强度特别高的公司上班。

所以，虽然从最后的分数来看，公司 A 的总分比公司 B 高，但因为它的“工作强度”太大，每天加班严重，无法满足你最重要的需求，所以你还是犹豫了，并最终放弃了公司 A。

这就是“优劣比较法”的局限性，它无法考虑到每一个评价维度在不同的人心中的重要程度。所以，即便公司A在“优劣比较法”中得了高分，但因为它无法满足你对“工作强度”的要求，你还是不会选择它。

怎么办呢？

在“条理清晰”这一层级，还有一个比“优劣比较法”更好的方法，它就是“权重比较法”。

什么是权重？

权重说的是：这件事在你心中的重要性。重要性越高，你给它的权重就越高；重要性越低，你给它的权重就越低。不同的人在意的东西不一样，所定的权重也就不同。

接下来，我们要在上述评分表中列出对每个评价维度的在意程度，给最在意的评价维度以最高的权重，给最不在意的评价维度以最低的权重。同时，所有评价维度的权重百分比总和是 100%，不能超过这个值。

比如，你认为工作强度对你而言最重要，那么你就可以给它一个比较高的权重，30%。“公司本身的实力”对你来说是第二重要的评价维度，你可以给它 20% 的权重。

每一项评价维度的权重究竟是多少，完全看这个维度对你来说有多重要，所以在“权重”这一列中，你要给出的是主观性的百分比。

接下来，需要对每个评价维度的客观得分乘以它的权重，从而得出这个维度的“加权得分”。

比如，在“工作强度”维度上，公司 A 的客观得分是 1 分，公司 B 的客观得分是 3 分，因为你对工作强度最为看重，所以给“工作强度”这一维度的权重是 30%，最后，公司 A 在工作强度这一维度的加权得分就是 1×30% 分，即 0.3 分，而公司 B 在这一维度的加权得分是 3×30% 分，即 0.9 分（见表 3-2）。

表 3-2 职业选择权重评分表

评分维度	权重	公司 A 客观得分	公司 B 客观得分	公司 A 加权得分	公司 B 加权得分
公司所在行业的发展前景	10%	5	3	0.5	0.3
公司本身的实力	20%	3	5	0.6	1
公司的文化氛围	5%	3	3	0.15	0.15
老板的个人风格	10%	5	2	0.5	0.2
薪酬水平	15%	4	3	0.6	0.45
职位上升空间	5%	5	3	0.2	0.15
个人能力提升空间	5%	5	4	0.25	0.2
工作强度	30%	1	3	0.3	0.9
加权总得分	100%			3.1	3.35

这时，我们发现，公司 A 和公司 B 的加权总得分发生了变化，在表 3-1 中，公司 A 的得分比公司 B 高，而在表 3-2 中，公司 A 的得分比公司 B 低。这就意味着，对你而言，公司 B 可能会是更好的选择。

当然，这只是你的最佳选择，不是其他人的，因为在其他人心中，工作强度也许并不那么重要，他可能更看重是否能够获得足够的个人发展空间，或者是否有个善解人意、愿意带人成长的好老板。

这就是第二层级“条理清晰”中的“权重比较法”。它是一种比较高级的方法，因为它不仅能让我们看到外在选项中有哪些维度需要考量，它们的客观得分是多少，同时也兼顾了我们对不同维度重要性的主观感受与要求。

第 2 节　从条理清晰到内心澄明

阐述完“条理清晰”这一层级的两种方法，我们就来到了做选择的最高层级——内心澄明。

什么是内心澄明？

不知你有没有发现，无论是“优劣比较法”，还是“权重比较法”，它们关注的都是选项本身，也就是眼前这两个选项到底各有哪些好的地方，哪些不好的地方。“权重比较法”虽然增加了对两个选项哪里好、哪里不好的主观评价，但它的关注点和出发点不曾改变，**始终是两个外在选项本身的好坏和高下。**

但是，当来到第三层级——内心澄明时，我们就会使用不一样的方法：内外匹配法。**内外匹配法的关注点和出发点不再是外在选项的好坏和高下，而是做选择的人究竟是什么样的，有哪些需要和渴望，有哪些热情与特点。**

如图 3-1 所示，“优劣比较法”和“权重比较法”的关注点和出发点是这个圆的外圈，也就是外在选项 A 和外在选项 B。“内外匹配法”的关注点和出发点则是这个圆的内圈，也就是“自我”。**这就意味着，做选择的方式从“只看外部”或“先看外部，再看内**

在”，变成了“先看内在，再看外部”。

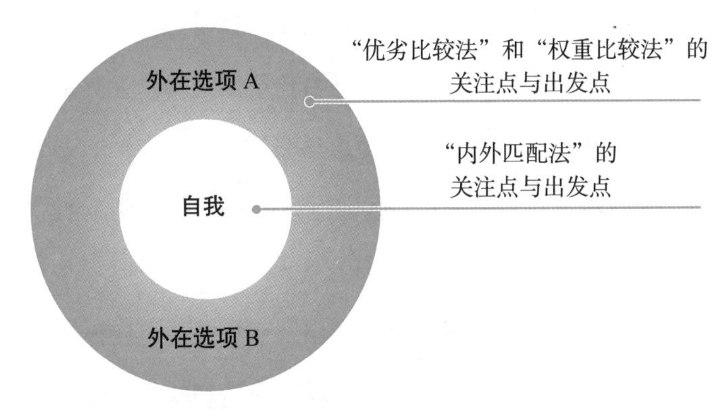

图 3-1　做选择的关注点与出发点

这一步转变至关重要，它意味着我们从对外在机会和可能性的关注，回归到了对独特自我的关注。

那么，为什么“先看内在，再看外部”的“内外匹配法”比“只看外部”的“优劣比较法”，以及“先看外部，再看内在”的“权重比较法”更好呢？

原因并不复杂，因为我们每个人都是完全不同的个体，有着自己独特的需要和渴望、特点与热情，所以我们自己才是做选择的核心与关键所在。

无论是心理学家荣格，还是霍妮和罗杰斯，他们都主张“让人成为自身本质上、内在所是的人”极为重要。相反，如果一个人始终无法成为其自身本质上、内在所是的人，患上心理疾病的风险就会很高。所以在做选择的时候，我们要从自我，从“让自己成为自身本质上、内在所是的人”出发，只有这样才能做出最佳选择。

为了穿上得体合身的衣服，我们可以选择自己喜欢的衣料颜色和质地量体裁衣。那么，为了做出适合自己的选择，尤其是那些至关重要的人生选择，我们是不是更应该去“量体裁衣”？即先深入全面地了解自己，然后再去看看外在世界里的哪些选项最合适呢？

那么，“内外匹配法”具体指什么呢？

它指的是，在做选择前，我们的出发点和关注点应该放在对自我的认识与了解上。然后，基于此，再去看看哪些外在选项最匹配独特的自我。

所以，做选择的最高层级不是非常理性、条理清晰的权重，而是尊重人、以人为本、让人成为自身本质上、内在所是的人的“内外匹配法”。

正如马斯洛所说：“一个人越是了解他的本性，他深蕴的愿望，他的气质，他的体质，他寻求和渴望什么，以及什么能真正使他满足，他的选择也变得越理所应当，越自动化，越成为一种副现象。”

可是，自我是一个“看不见、摸不着”的东西，我们又如何像“量体裁衣”那样，清晰地知道自己身上每一处的尺寸，又怎样确定自己喜欢的颜色、质地，从而找到最适合的选项呢？

山本耀司说过一句话：“‘自己’这个东西是看不见的，撞上一些别的什么，反弹回来，才会了解‘自己’。”

我想，这句话里就隐藏着看见自我的线索。

在工作、旅行、参加各种活动、培训、谈恋爱的时候，我们会遇到各种各样的人和事，这些人和事会跟我们发生碰撞，于是我们就有机会去看到“自我”的各种反应，包括情绪、想法、感受、行为等。

这些反应都是我们认识“自我”的重要素材。其中包括：什么事或人让我心生欢喜？什么事或人让我特别厌烦？什么事或人让我充满热情？什么事或人让我毫无兴趣？什么事或人让我很有动力？什么事或人让我毫无动力？什么事或人深深吸引着我？什么事或人对我毫无吸引力？遇到事情时，我是着急的，还是慢悠悠的？我是随遇而安的，还是力争上游的？我是喜欢交新朋友？还是喜欢跟少数几个人长期亲密交流？我是喜欢思考的，还是不太思考的？我是不喜欢冲突矛盾的，还是可以坚持自己的想法的？什么东西对我最重要，如果没有它，我会觉得人生没意义？

通过对这些素材的持续观察和记录，我们能够逐渐勾勒出“自己”的样子。事实上，我们每一个人的自我都包含了无数维度，所以，勾勒“自我”的过程会非常久，且如果缺乏专业指点，可能会做出不准确甚至误导性的理解。

为了避免这些情况，在大量的观察、研究和思考后，我找到了了解和认知自我的四个最重要的维度。通过对这四个维度的思考，我们能够更容易、更快速地看到自我的模样。

这四个维度分别是：人生愿景、核心价值观、深层热情，以及天赋/特点。通过对自己在这四个维度上的深入了解和认知，你可以基本勾勒出“自我”的模样，从而找到与内在自我最为匹配的外在选项。这四个维度被我称作“认识自我的钻石模型”（见图 3-2）。

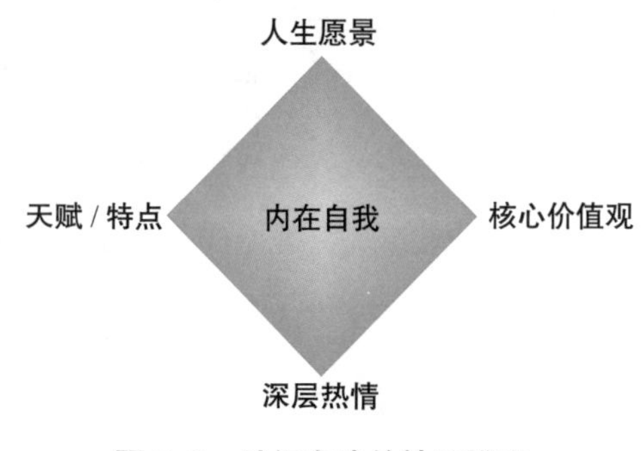

图 3-2 认识自我的钻石模型

第 3 节 “钻石模型”（上）

第一个维度：我的人生愿景是什么

什么是人生愿景？

简单来说，就是我想要什么样的人生以及我究竟想过一种什么样的生活。

毛姆的《刀锋》是我非常喜爱的一部小说。在这部小说中，毛姆讲述了男主人公拉里从青年到中年的人生故事。拉里年轻时曾有一个深深爱着的女朋友伊莎贝尔。可惜，他们后来分手了。他们分手的原因既不是有人出轨，也不是门不当、户不对，而是他们二人的人生愿景存在巨大差异。

拉里和伊莎贝尔分手前的下面这段对话能让我们理解他们分手的原因。

拉里对伊莎贝尔说："我多希望你能懂得我向你建议的生活要比你想象的任何生活都要充实得多。我真希望能让你看到精神生活是多么令人兴奋，经验多么丰富。它是没有止境的。它是极端幸福的生活。只有一件事同它相似，那就是当你一个人坐着飞机飞到天上，越飞越高，越飞越高，只有无限的空间包围着你，你沉醉在无边无际的空间里。你感到那样的极度幸福，使你对世界上任何权力和荣誉都视若敝屣。前几天，我读了笛卡儿，那样的痛快、文雅、流畅。天呐！"

但是，出身富足、享受生活的伊莎贝尔却认为拉里这番话是疯人疯语。她说："我年轻。我要找乐子。我要做别人都做的事情。我要参加宴会，参加跳舞会，我要打高尔夫球和骑马。我要穿好衣服。你可懂得一个女孩子不能穿得跟她一起的那些人一样好，是什么滋味？拉里，你可知道买你朋友穿厌了的旧衣服，人家可怜你送你一件新衣服穿，那是什么滋味？我甚至连去一家像样的理发店做做头发也做不起。我不要坐电车和公共汽车到处跑；我要有我自己的汽车。你想，你在图书馆里看书，我成天干什么呢？逛马路，看橱窗，还是坐在卢森堡博物馆的花园里留心自己的孩子不要闯祸？

我们连朋友都不会有。”

拉里想要的是精神富足的人生，伊莎贝尔想要的是物质丰盛的人生。虽然相爱，但他们想要的人生却截然不同，就像是隔了一个“马里亚纳海沟”或是一座“喜马拉雅山”，难以逾越。

对拉里来说，精神富足的人生令人兴奋、让人充实，能够给自己带来极度的幸福，从他的语言中，我们完全可以感受他那种满足与狂喜，就像飞上了天，可以在无边无际的空间里沉醉一般。这就是他想要的人生，也是他的人生愿景。

但是，对伊莎贝尔来说，没有了物质满足和享受的人生，就不是快活的人生。相反，它是可怕的、面目可憎的、令人心惊胆战的，以及根本无法想象的。她想要的人生是充满了物质满足与享受的，这就是她的人生愿景。

可见，如果我们不知道自己的人生愿景，如果我们所做的选择违背了自己的人生愿景，我们可能就会在做出选择后的某一天，忽然发现自己走在了一个错误的甚至南辕北辙的方向上。

此时常常为时已晚，我们所做的很多选择已经覆水难收，就算收了回来，也要付出十分巨大的代价。就像拉里和伊莎贝尔，如果他们直到结婚以后才猛然发现彼此想要的人生是完全不同的，他们又该怎么办呢？也许是离婚，也许是出轨，也许是从爱人变成仇人，也许是在煎熬中继续生活……但是，无论哪一种，都很难获得真正的幸福。

所以，一个人越早知道自己的人生愿景，就越能做出正确的人生选择。

第二个维度：我的核心价值观是什么

什么是价值观？

“生命诚可贵，爱情价更高。若为自由故，二者皆可抛。”这首来自匈牙利著名爱国主义战士和诗人裴多菲的诗，说的正是“价值观”。他说：生命非常宝贵，爱情也很珍贵，但是在我的心里，还有比宝贵的生命和珍贵的爱情更重要的东西，那就是自由。

可见，价值观说的是在这个世界上，什么对我最重要。核心价值观说的是，在我的价值观里，哪个价值观对我最重要？最不可或缺？如果失去了它，我就再也无法成为我。

一说到价值观或核心价值观，很多人就觉得自己已经找到了，他们可能会说“我的核心价值观是财富，因为财富对我最重要”或者“我的核心价值观是健康，因为失去了健康，我就再也无法成为我”。

其实，无论是财富、金钱，还是健康，都不会成为一个人的核心价值观，因为它们都是“手段”和“途径”，通过它们，你才能够获得对你而言最为重要的东西。所以，那些你要借由财富、金钱、健康去获得的东西，才是你的核心价值观所在，比如：爱、宁静、丰盛、自由等。

当探索出自己的核心价值观后，你就知道了在这个世界上，在

你的一生中，到底什么才是最重要的，到底什么才是你可以放弃其他一切也一定要获得的东西。

24岁的小悦有一份非常稳定、收入不错的工作，但她在工作中却总是感觉自己没用，人生没有意义，于是来找我做一对一教练辅导。

在探索核心价值观的过程中，她找到了自己的核心价值观——探索。挖掘到这个核心价值观后，她的脑海里出现了一幅与之相应的意象画面——一扇散射出白色光芒的门，门后有很多正在欢笑的人。与此同时，她也感受到了一种从未有过的豁然开朗的喜悦感。

她带着对自己核心价值观的理解以及对那幅意象画面的感受，再回头看工作中的感受和情绪，忽然发现，这份工作之所以让她痛苦，是因为它与自己的核心价值观“探索”很不匹配。

“探索”这个核心价值观驱使她去探索更大的世界和自己，而她也对此充满了好奇和兴趣，然而，眼前这份工作却无法满足她的探索愿望。这就意味着，她内在的核心价值观与她外在工作的匹配度很低，于是矛盾不断、冲突持续。而它们之间的低匹配度才是她总是在工作中感到痛苦的根本原因。

后来，她辞职去读了MBA，虽然失去了稳定的工作和持续的收入，她却由此找到了自己。毕业后，她进入一家创业公司，成为了非常优秀的中层管理者，虽然每天的工作比以前辛苦很多，她却跟我说：“我感觉自己是活着的，是充满活力的，因为每一天我都在探索，都在成长，感谢我之前做出的那个勇敢的选择，它改变了我的人生，让我不再一直沉浸在痛苦中。”

后来的她之所以感到活力满满，生活美好，是因为她的核心价值观与外在选择具有很高的匹配度。

事实上，人本主义和存在主义的心理学家们很早就指出，所有人都拥有某种潜在的价值观，如果这些价值观被否认、诋毁或没有得到满足，就会导致某种形式的疾病或超越性疾病。这些疾病可能是身体上的，也可能是精神上的。

可见，如果我们不知道自己的核心价值观是什么，如果我们所做的选择违背了自己的核心价值观，那我们必定会陷入心灵的纠结与痛苦，甚至由此患上身体疾病，因为我们所做的事正与生命中最为看重的东西背道而驰。所以，我们需要先深入了解自己，然后再去寻找合适的外在选项，而不是反着来。

第三个维度：你的深层热情是什么

深层热情，说的不是喜欢打网球、潜水、画画那样的浅层热情，它说的是我们热爱的事情背后藏着的热情，是来自“独特灵魂的召唤”，是海水也无法冷却的炙热。

比如：我有很多热情，其中一部分热情指向的是对哲学、心理学、教练等知识、技能和方法的学习、思考与践行。但是，这些都是浅层热情，它们背后隐藏的我的深层热情——探究人的心理，解决人的痛苦，发掘人的潜力，活出人的生命力。可以说，**我的深层热情之一就是：“让人成为既完整又独特的人，让人找到心灵的自**

由与喜悦。”

每当我想到这个深层热情时，我的心灵和身体都会产生非常强烈的感应，心绪会激荡，身体会发热。

如果你也找到了自己的深层热情，你自然会清晰地知道自己的内心正在深深渴望着什么，又在被什么强烈驱动着。你也会清晰地知道，哪些外在选项与你的深层热情匹配，哪些则完全背离。这样一来，一切选择都变得非常容易。

最近两三年，大家都在做直播带货或直播带课，我一直没有做。我不是不知道直播能够显著增加我的课程销量或客单价，但我并没有去做。

对我来说，这就是个选择问题：选项 A 是自己做直播带课，选项 B 是不做直播带课。

最终，我选择了与我的深层热情最匹配的选项，也就是选项 B，即不做直播带课。因为，我的深层热情之一是：让人成为既完整又独特的人，让人找到心灵的自由与喜悦。我更愿意把自己的时间和精力用在多看些书，多做些与深层热情有关的思考，多做些与深层热情有关的课程设计或一对一教练辅导的践行上。

把时间和精力放在这些事情上，我会获得更多的快乐和更大的满足。它们代表了我内心的深层渴望和需要。借由它们，我的身体、头脑和心灵得到了足够的滋养，我也感受到了生命力的蓬勃绽放。

一个看似非常难做的选择，一旦回归到自己的深层热情上，答案便呼之欲出。相反，如果你不知道自己的深层热情是什么，如果你所做的选择违背了自己的深层热情，那么你就很难获得“每天早晨都迫不及待地早起”的强大驱动力，以及“这就是我要做的事”的巨大使命感。

而这，又会阻碍你去获得自己的外在成功与内在自得。

第 4 节 “钻石模型”（下）

第四个维度：我的天赋 / 特点是什么

几十年前，美国盖洛普公司系统地研究了各行各业的成功人士，包括医生、销售员、律师、运动员、股票经纪人、财务工作者、领袖、士兵、护士、系统工程师、公司总裁等，并在此基础上，通过不断的观察、倾听和统计学分析，最终从大量的访谈问答中提炼出人类的 34 种天赋 / 特点。这 34 种天赋 / 特点说的不是在打篮球、作曲、画画等方面的天赋，不是科比、莫扎特、达·芬奇等少数天才才有的天赋，**而是我们每个人身上都有的，我们在面对人和事时，自然而然、反复出现的思维模式、感受和行为方式。**

比如：有的人总能在各种场合快速结交各种各样的朋友，无论是在出租车上，还是在聚会上，在他眼里，世上的人只有老朋友和新朋友，认识一个，就赶紧去接待下一个。那是因为他的身上有着

“想赢得他人青睐”的天赋/特点。

有的人的头脑片刻不停，一有空闲就思考，还常常反思自己，周围的人会奇怪：“你怎么想那么多？”那是因为他有“喜欢思考”的天赋/特点。

有的人不喜欢冲突，更不喜欢经历冲突，在他看来，凡事都能达成共识，何必非要争执，那是因为他有“想要和谐”的天赋/特点。

有的人做事讲究精益求精，追求结果最大化，为此可以反复练习上百遍，反复打磨到极致，那是因为他有“总在追求卓越”的天赋/特点。

有的人充满内驱力，每天从早到晚地忙碌，每天都要创造有形结果，要把自己的“待办清单”全部打上钩才能睡觉。身边的人可能会用“工作狂”来描述他，那是因为他有“想要完成，想要有所建树”的天赋/特点。

有的人充满好奇心，每当看到有趣的事物或知识都想了解一下，喜欢参加各类课程学习班，完美展示了什么叫“活到老学到老”，那是因为他有“充满好奇心和求知欲”的天赋/特点。

有的人对他人的情绪状态非常敏锐，头顶像装了一部情绪雷达，能够敏锐感知他人的情绪变化，那是因为他有“同理心”的天赋/特点。

这些天赋/特点，就是我们每个人身上自然而然、反复发生的思维模式、感受与行为方式，也是我们每个人都有，但不一样的特点。时间久了，这些自然而然的思维模式、感受和行为方式在一遍遍地不断重复后，就成了我们的性格。

比如：具有“行动”天赋 / 特点的人，在外人和自己看来，性格很急，会被说成“一个急脾气”；具有“审慎”天赋 / 特点的人，在外人和自己看来，性格非常谨慎，会被说成“一个谨慎的人”。这就是天赋 / 特点与性格之间的关系。

同时，这 34 种天赋 / 特点，还能被划分为四大天赋 / 特点领域，分别是：战略思维领域、影响力领域、执行力领域、关系建立领域。

那么，我们每个人身上都有的独特天赋 / 特点，又是怎样形成的呢？

我们 3 岁时，大脑中就有大约 1000 亿个神经元。每一个神经元都在向外伸展，力图与其他神经元建立连接。而每一次神经元成功连接，都意味着形成了一个突触。就这样一次又一次地连接，最后每个神经元都有了 15000 个突触连接，而我们的大脑也就产生了精妙、复杂的神经网络。

打个比方来说，这就像园丁在花园里修剪枝叶，此后的 12 年，在我们与外界互动的过程中，这些神经元的突触连接也被不断地修剪，一些连接消失了，一些连接被保留了下来，还有一些连接被极大地加强了。

最后，在我们 16 岁的时候，这些连接基本定型。当然，这并不是说在16岁以后，大脑中的突触连接就不再发生变化，毕竟神经具有可塑性，而人生也充满各种意想不到的事。但必须承认的是，16岁以后大脑突触连接发生变化的难度要比16岁以前大很多。

我们的天赋/特点，其实就是我们大脑中保留下来并得到加强的那些突触连接决定的。比如：如果你在小时候对万事万物都很好奇，同时这种好奇在你16岁以前的成长过程又没有被家长、老师、同学嘲笑或打压，那么最后它就会形成你的一个天赋/特点，也就是"充满好奇心与求知欲"这个天赋/特点。

可见，每个人身上的独特天赋/特点，是由先天遗传，以及在3～16岁间与后天环境不断互动的过程中逐渐形成的。

读大学时，母亲希望我毕业后留校当老师或考公务员，她常常说："女孩子还是要选择一个比较稳定的工作，不要让自己太累了。"

我没有听从母亲的建议，而是先去读了研究生，毕业后进入外企工作。

在自我探索多年以后，我越来越明白，我当初的选择是正确的。因为我的内在自我与留校当老师、考公务员这两个外在选项的匹配度实在太低了。

我的天赋/特点是"有创造力，总是打破框架去思考"和"充满好奇心与求知欲"，这些天赋/特点让我非常喜欢新鲜事物，讨厌按部就班、循规蹈矩，也很厌烦保守的作风。这样一来，我想要的、我喜欢的就无法在那些安稳、规矩的工作中得到满足，日积月累之下，我肯定会慢慢失去继续工作的兴趣和动力。

回忆自己职业生涯的不同阶段，我发现自己做得最好的阶段，或是我最满足的阶段，正好是跟我的独特天赋/特点最匹配的阶段；相反，自己做得不太好的阶段，或是心里很压抑的阶段，都是与我的独特天赋/特点背道而驰的阶段。

可见，当我们身上独特的天赋/特点与某个外在选项相匹配时，我们会有如鱼得水的感觉，更容易做出成绩，在做事的过程中也心情舒畅，充满喜悦和满足。

其实，我们每个人具备的独特的天赋/特点，不仅与职业选择息息相关，也与人生中的另一大选择——婚恋选择密切有关。

如果一个人有着“倾向于跟少数人建立深度亲密关系”的天赋/特点，却找了一个在这方面的天赋/特点很弱的人做伴侣，那么他就会时常有“心里有话却无人倾诉”的委屈和难过。

同样，一个有着“想要有所建树”天赋/特点的人，找了有着“总是随遇而安”天赋/特点的人做伴侣，他就会经常有“你怎么这么不努力？你怎么这么不争气？”的愤怒和困扰。

这样的例子，我见过不少。当然，**不能简单化天赋/特点与婚恋选择的匹配，否则会导致错误和难以挽回的后果。**比如：既不能用简单的“我有，所以你也要有”的思路，也不能只用“我没有，所以你要有”的思路，而是要运用更为复杂的思路：某些天赋/特点，最好与伴侣共有；某些天赋 / 特点，最好与伴侣形成互补。因为这部分内容比较专业，需要对 34 种天赋 / 特点有深入全面且准确的认知，在此不做更详细的展开和解释。

可见，如果我们不知道自己的天赋 / 特点是什么，如果我们所做的选择与自己的天赋 / 特点完全无关，那么我们可能会在做出选择后的每一天都纠结和后悔。

第 5 节　做出智慧的选择

“选择三层级”的最高一层“内心澄明”告诉我们：**与内在自我匹配度越高的选项，越有可能成为我们的最佳选择。**

所以，在看清了内在自我后，我们要看看外在世界有哪些选项可以选择，哪些选项最适合我们的内在自我，哪些选项与我们的内在自我背道而驰。

这时，如果你面前已经摆着 A 和 B 两个选项，你就可以把与你内在自我匹配度较高的一个找出来，作为你的最佳选项。

看到这里，可能有读者会问：如果我的面前有一个收入很高但与我的内在自我很不匹配的工作，同时还有一个收入不高但与我的内在自我非常匹配的工作，我该怎么选呢？

如果从“选择三层级”理论出发，我的建议当然是选择与你内在自我非常匹配的工作。但是，如果对现阶段的你来说，收入高是最重要的，那你也可以选择收入高的工作。

只是做出这样的选择后，虽然在一段时间内你会觉得非常满足，赚到了想要的钱，但因为这个工作与你内在自我很不匹配，时间一长，肯定会出问题，你会遇到越来越多的拧巴和冲突，以及由此带来的内心痛苦。所以，你早晚会去寻找新的选项。

相反，如果一开始你选择了那个收入不高，但与你内在自我非常匹配的工作，刚开始时你的生活可能不太宽裕，但因为你做的事情与内在自我非常匹配，你的潜力会被激发，能力会被释放，做事会有很强的驱动力，也肯定能把事情做好，结果也一定会好。时间久了，你会拥有越来越多的机会，并获得越来越多的收入。

这就是两种不同选择的发展趋势，前者是先易后难，后者是先难后易。这两条路我都经历过，深有体会。当然，最终选择哪一种，取决于你自己的判断。如果有一天，你感觉在某条路上越走越难受，那么欢迎你再来重读这本书。

这时，可能又有读者问：在对自己有了深入全面的了解后，感觉现有的两个选项都与我的内在自我很不匹配，又该怎么办呢？

这种情况当然存在，所以，我为你准备了三种行之有效的方法。

第一个方法：探索法

眼前没有合适的外在选项，可能只是因为你知道和了解的外在选项非常有限，所以你要更多地去探索，了解更多的外在可能。

比如选择职业，如果你感觉没有与自己匹配的外在选项，可以去了解一下还有哪些工作可做，通过接触不同行业、不同职业的人，扩大对各种外在选项的了解。如果是婚恋，你可以通过参加各种活动，拓展自己的人际圈，从而认识更多的人，接触更多的外在选项。

第二个方法：转化法

如果你不想寻找选项 A 和选项 B 之外的其他选项，也可以参见本书前文所述的四种路径，学习第一种路径“转化法”。通过这个方法，你能有效提升既有选项与内在自我的匹配度。这个方法既适用于职业选择，又适用于婚恋选择。

第三个方法：创造法

如果现有的两个选项都不适合你，你还可以去创造适合自己的选项。就像我现在的创业，就是给自己创造的一个几乎可以完美匹配我内在自我的全新选项。

无论是从眼前的现有选项中做出选择，还是跳出这些选项去选择其他路径，一个与内在自我匹配的外在选项，会让你由衷地感到自主、喜悦、满足和充满动力。相反，当你选择的外在选项无法满足你的内在自我，无法契合你的热情、匹配你的天赋 / 特点、满足你的核心价值观、实现你的愿景，而你又不得不去做，你就会痛苦、纠结、迷茫，或极度压抑，备受束缚。

这就好像，如果你每天都要穿着不合脚的鞋子走路，你的脚就会一直感到疼痛。

看到这里，可能有读者会问：我的年龄比较小，阅历也很少，对自己的认知不足，我该如何运用这套方法做出选择呢？

在这里，我有两点建议。一方面，你可以一边做选择，一边认知自己，不要害怕做出错误的选择，毕竟你还非常年轻，完全拥有重新选择的机会，比如：上大学时选择了一个与内在自我完全不匹配的专业，没关系，你还可以在读研究生时换个适合自己的专业，或者在初入职场时做出转换；另一方面，如果条件允许，你也可以通过参加专业的自我认知课程来快速有效地加强对自己的认知。

除此之外，还有一个比较常见的问题：如果现有选项，比如我的工作或恋人让自己感到很不舒服，那是不是说明这个选项与我的内在自我很不匹配呢？

事实上，以内在自我的独特性出发去判断、寻找或创造外在选项，并不意味着你对现有选项感到不舒服就一定是由内在自我和外在选项不匹配带来的。

我在这本书里所说的内在自我，也就是"认识自我的钻石模型"中的四个部分，指的是自我的内核部分，它是根深蒂固的，是"我之所以成为我"的重要核心。这部分是很难改变的，所以，我们应该去判断、寻找或创造与之匹配的外在选项。

但是，我们自我内核之外的其他部分，比如我们的知识、技能、思考力、认知水平、心智模式、自我觉察力等，则是可以通过学习正确的方法，做出持续的努力而得到提升的。现有选项的不如意未必是由内在自我和外在选项不匹配造成的，也可能是你在知识、技能、思考力、认知水平、心智模式、自我觉察力等方面的严重欠缺造成的。这时你要做的是努力在这些方面提升。之后，你可能会发现，你的现有选项其实与你的内在自我非常匹配。而如果你依然觉得现有选项很不如意，可能就需要去寻找或创造与内在自我更匹配的外在选项了。

最近这些年，我越来越觉得：认识自我，然后从这种认识出发去判断、寻找或创造与之匹配的外在选项，不仅是对自我感受的尊重，对自己独特生命的尊重，更是让每个人都有机会发挥出潜在能量，在社会上、世界上找到最适合自己、最能发挥自己能量的位置的最优途径。

如果每个人都能在社会上、世界上找到最适合自己、最能发挥自己能量的位置，这个位置上的工作自然就能被很好地完成。毕竟，完成它的人带着无限的热情、愿景和动力。

事实上，我们一生一直都在面对着大大小小的各种选择。究竟怎样才能找到自己的最佳选项呢？所有选择，从表面上看是对选项A和选项B的优劣比较，但从根本上来说，都是外在选项与内在自我是否匹配的问题（见图3-3）。所以，只有那些与内在自我具有高匹配度的外在选项，才是最佳选项。来到这个层级，你就会发现，原来人生中的各种选择不外如是，并不复杂。

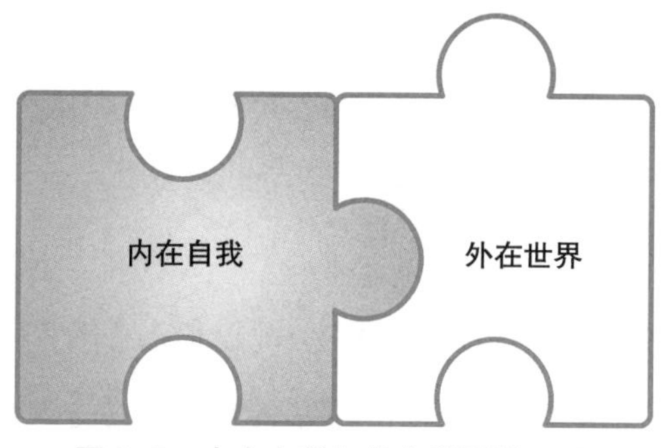

图 3-3 内在自我与外在世界的匹配

最后，我想用马斯洛的话来结束本章的内容："一个人敢于倾听他自己，他自己的自我，而且时时刻刻都能如此，并镇定自若地说'不，我不喜欢如此这般'，他就能为自己的一生做出智慧的抉择。"

这时，内心澄明，举止镇定。

"高度篇"复盘：三大收获

第一个收获：从"生存之旅"走向"自我实现之旅"

在我们身上，有一种根深蒂固的人性，就是在短期内确保自己生存和繁衍的倾向，即"自我保存"的倾向。它是我们的"出厂设置"，即便我们现在所处的环境安全、资源富足，但百万年前的生存本能还是一刻不停地作用在我们身上。

但与此同时，我们身上还存在着另一种人性倾向——想要活出自己的天赋、潜力、价值和意义的强烈倾向，也就是“自我实现”的倾向。

可惜的是，只有少数人活出了“自我实现”主导的人生，大多数人终其一生都活在“自我保存”主导的人生里。

为什么？

其中的关键在于：这个本就存在于我们内在的“自我实现”倾向，能否被我们看见、意识到，我们能否顺应它的需求，并最终让它自然而然地生发出来。

如果你发现心中始终有挥之不去的困惑，比如“难道我就这样过一生？”“我好难受啊”“这样的生活真没意思啊”，或者存在强烈的内心冲突、持续不断的精神内耗，甚至是时而感到的痛苦，感觉自己被束缚、被限制、被压抑，可能就意味着本就存在于你身上的“自我实现”倾向和冲动正在变得越来越强烈。

而这，也就为我们带来了从“自我保存”主导的人生向“自我实现”主导的人生转变的可能。

超越的方式有三种，分别是转化法、齐头并进法和跳跃法。你可以根据自己的实际情况，选择适合自己的超越之法。同时，你还要解决超越中可能会遇到的两大阻碍：金钱的匮乏感和约拿效应，从而从“自我保存”主导的“生存之旅”走向“自我实现”的“英雄之旅”。

第二个收获：提升对待痛苦的境界

我认为，人的痛苦可以分为三类：第一类是身体上难以消除的疼痛或不适；第二类是由身体上难以消除的疼痛或不适所引发的心灵和精神上的痛苦；第三类是因为遭遇外在冲突、分离、背叛、得不到、损失、失败、被批评、被恶意攻击、内在冲突与纠结、迷茫、嫉妒等产生的心灵和精神上的痛苦。

我把人们看待第二类和第三类痛苦的不同方式分为四层境界，分别是抗拒和逃避层级、臣服层级、转化层级，以及不介意层级。

抗拒和逃避层级，说的是在对待痛苦时，要么抗拒，要么逃避。但是，抗拒会带来更加深重的痛苦，逃避则会把痛苦压入潜意识，并让一个小洞变成巨大的窟窿。所以，这两种方式都不是对待痛苦的正确方式。

臣服层级，说的是当我们向痛苦臣服以后，我们与痛苦的对抗就消除了，痛苦就减弱了，甚至彻底消失。这是我们面对痛苦的正确路径。

转化层级，说的是在臣服之后，通过自我提问，把遇到的痛苦转化成生命中的礼物，从而实现自我超越。同时，我们还可以沿着这些痛苦给予的悄无声息的指引，规划自己的人生，找到自己的使命。

不介意层级，说的是如果我们心里有好与坏的对立，就会时而快乐，时而痛苦。相反，如果消除了好与坏的对立，我们就可能进入“日日是好日”“年年是好年”的心灵境界。在这种境界中，心灵和精神上的痛苦都会消失殆尽。当然，进入这种境界极不容易，它不仅需要更多的智慧，更高的心智成熟度，同时也需要积年累月的自我精进。

第三个收获：找到与内在自我匹配的外在选项

在面对各种人生选择时，尤其是成年人的两大人生选择，即职业选择和婚恋选择时，通常有三种做选择的境界：第一层境界是头脑混沌、内心纠结；第二层境界是条理清晰，在这层境界，有两种方法，即优劣比较法和权重比较法；第三层境界是内心澄明，具体方法是“内外匹配法”，也就是通过对自己深入全面地认识与了解，逐渐勾勒出自我的模样，从而在外在世界中判断、寻找或创造与内在自我匹配度较高的选项。

可是，我们又该如何逐渐勾勒出自我的模样呢？

这时，我们可以以“自我的钻石模型”为导向，逐步探索自己的人生愿景、核心价值观、深层热情、天赋/特点。

人生愿景，说的是我们想要什么样的人生，以及我究竟想过一种怎样的生活；价值观，说的是在这个世界上，什么对我来说最重要；核心价值观说的是，在我的价值观里，哪个价值观对我来说最重要，最不可或缺，如果失去了它，我就再也无法成为我；深层热情，说的是我热爱的事情背后藏着怎样的深层热情，它来自“独特灵魂的召唤”，是海水也无法冷却的炙热；天赋/特点，说的是我们每个人身上都有的，在面对人和事时，自然而然、反复出现的思维模式、感受和行为方式，它已融入了我们的性格，并在一定程度上构成了我们的性格。

看清了内在自我的四个维度，我们要去看看外在世界都有哪些选项可以选择，哪些选项最适合我们的内在自我，哪些选项与我们的内在自我背道而驰，从而做出更智慧的人生选择。

思考与践行

为了帮助大家更好地理解、掌握和践行我们在“高度篇”中所讲的内容，我为大家准备了两个问题，用于自我思考与实践。

第一个问题：在日常生活和工作中，你的内心有哪些常常出现的冲突、纠结或困惑？透过它们，你是否有想要“自我实现”，想要活出自己的天赋、价值、潜力和意义的冲动？如果有，你准备做些什么？

第二个问题：以往做选择时，你一般会采用怎样的方法？读完这部分内容后，你想对自己做选择的方法做出哪些改进或调整？

广度篇：摆脱束缚

人，生而自由，
却无往不在束缚与狭隘中

| 第 4 章 |
解除第一个封印：内化的“咒语”

一切绝望的根源，都是因为我们无法成为自己。

——克尔凯郭尔

不要让别人的意见，淹没了你内心的声音。

——史蒂夫·乔布斯

我只不过是许多镜子的集合，反映了其他所有人有望于我的东西。

（佚名）

第 1 节　伪自我代替了真自我

一位学员，她拥有稳定的工作和不错的收入，但因为到 38 岁还没结婚，所以面临着非常大的社会压力。她的焦虑与日俱增，每个周末都奔波在各种各样的相亲会上。后来，她匆忙步入了婚姻。一年半后她找到我时已经离婚了。

回顾往事，她发现自己之所以急着做出结婚的决定，是因为被萦绕在耳畔的“你这个年纪，早就应该是妻子和母亲了”“你得早点结婚，不然这辈子可能嫁不出去了”“你的同龄人都结婚了，你也要赶紧结婚”等一系列包含着“你应该……”的语言潜移默化地影响了。

她说："最初，我对这些话也很反感，但经不住别人一直说，时间久了，它们就进入我的心里，成了我自己的念头，挥之不去。"

这番话，让我想起了著名导演斯蒂芬·斯皮尔伯格在哈佛大学毕业演讲上说的话：

我非常幸运在 18 岁的时候就知道我想做什么。但是我并不知道我是谁。我怎么可能知道呢？我们中的任何人都不知道。因为在生命的头 25 年里，我们被训练去听从的并不是我们自己的声音。父母和教授们用智慧和信息塞满我们的脑袋，然后换上雇主和导师再来向我们解释这个世界是怎么样的。通常这些权威人物所说的是有道理的，但有时，疑惑开始爬进我们的头脑，再蔓延到心里。就算有时我们觉得"这好像不太像我看见的世界"，我们还是会点头附和并顺从，因为这样更容易。有段时间，我就让"附和"定义了我自己。因为我压抑了自己的观点，因为就像尼尔森歌里唱的那样："每个人都在对我说话，于是我听不见我思考的回声。"

就这样，周围无时无刻不在的"你应该……"，不仅钻进了这位学员的头脑，也蔓延到了她的心里。最终，就像尼尔森歌里唱的那样"每个人都在对我说话，于是我听不见我思考的回声"。

这就是存在于我们每一个人身上的封印——"你应该……"的"咒语"。它一直都有两种存在形式，一种是"被明确说出来"的"你应该……"，比如下面这些耳熟能详的话。

小时候，父母对我们说："你应该努力学习，争取考第一。"

长大后，老师对我们说："你不应该看闲书，你不应该出去玩。"

毕业时，父母对我们说："你应该找个稳定的工作，既安全又舒服。"

工作后，父母对我们说："你应该赶紧结婚。"

结婚后，父母对我们说："你应该抓紧时间生娃。"

还有一种是"没有被明确说出来"的"你应该……"，它包括父母目光里流露出的殷殷期盼，他们在谈及别人时的啧啧赞叹和羡慕，以及文化、传统、规范、社会主流价值观、媒体中包含的隐含着"你应该……"的各种劝诫。

所有这些"你应该……"还会慢慢内化成我们自身的一部分，以至于我们自己也很难分清我们头脑和心中的声音，哪些是我们自己的，哪些是来自外界的"你应该……"。

就像把不同颜色的橡皮泥揉在一起，时间久了，再也分辨不出它们原本的颜色，最后都成了灰乎乎的一块。

这就是"你应该……"对我们施加的封印（见图 4-1）。

（明确说出的"你应该"＋没有明确说出的"你应该"） × 持续不断的内化 ＝ 深刻持久且难以被觉察的影响

图 4–1 "你应该"对我们施加的封印

这个封印，深刻持久且难以被觉察，它对我们的影响是"润物细无声"的。具体来说，其影响主要有三个方面。

第一，让你不知道自己的梦想、追求或人生目标究竟是不是自己的，它很可能只是别人的或是社会主流价值观的。

美国作家与文学评论家威廉·德莱赛维茨在斯坦福大学开学典礼的演讲中曾说过这样一段话：

你来到斯坦福这样的名牌大学是因为聪明的孩子都这样。你考入医学院是因为它的地位高，人人都羡慕。你选择心脏病学是因为当心脏病医生的待遇很好。你做那些事能给你带来好处，让你的父母感到骄傲，令你的老师感到高兴，也让朋友们羡慕。也许你确实想当心脏病学家。十岁时就梦想成为医生，即使你根本不知道医生意味着什么。你在上学期间全身心都在朝着这个目标前进，你拒绝了上大学预修历史课的美妙体验的诱惑，也无视你在医学院第四年儿科病床轮流值班时照看孩子的可怕感受。但无论是哪种情况，要么因为你是随大流，要么因为你早就选定了道路，20 年后某天你醒来，你可能会纳闷到底发生了什么：你是怎么变成了现在这个样子，这一切意味着什么。

很多人把自己的一生都用在了追求别人羡慕的目标、父母期望的目标，或者社会主流价值观赞赏的目标上。也许直到中年，甚至生命的终点，他们才忽然发现，自己一直追求的，从来都不是自己的理想，也不是自己的目标，而只是别人想要的东西，是别人认为好的东西。此时，他们可能会陷入非常严重的中年危机或难以摆脱的虚无与悔恨。

第二，让你不知道自己所做的决策和选择是否就是自己想做的，你很可能只是在遵从别人的要求和期待。

我之前辅导过一位女士，虽然她已经结婚生子，却跟我说：“一直以来，我所做的每一个选择都只是满足了家人的期待。他们说女孩子学财务好，我读大学时就选择了财务专业；他们说‘你男朋友各方面条件还不错，早点结婚吧’，我就结婚了；他们说‘趁年轻赶紧生孩子’，我就生了孩子；生完孩子后我先生说‘你挣这点儿钱还不如在家带孩子’，于是我就辞职了；孩子三岁时，家人说‘你看别人家有两个孩子多好，你再生一个吧’，于是我就又生了一个。可是我却发现，我过得越来越不开心、越来越压抑和沉重。我意识到在我过去的人生里，我所做的每一个重要决定都不是我做的，都是在别人的要求或期待下做的。现在，我觉得再也不能这样下去了，我已经快抑郁了，我每天都不知道自己究竟在做什么。事情很多，但我的内心却很空洞、很难过。别人羡慕我的‘完美’生活，家人骂我不知足，只有我自己知道，我从来都没为自己活过一天，我的每一天都是在为别人而活。”

当我们做出的决策和选择不是自己真正想要的，而是屈从于他人的要求和期待或社会文化、传统、主流价值观的压力时，我们就会陷入持久的纠结和痛苦，因为我们违背了真实自我的渴望与需要。

第三，让你不知道自己内在的声音究竟是来自真实自我，还是

来自他人或社会主流价值观。

我给一位全职妈妈做一对一教练辅导，我引导她聆听来自内心的声音，她一下子陷入纷乱和困惑。

她说："艾菲老师，我真的不知道我内心出现的声音究竟是来自真实的我，还是来自被周围人或社会环境长期影响而形成的'我'。比如：当我去感知时，我听到了两个声音。一个声音说'如果去工作，你就不是一个好妈妈'，另一个声音说'如果你不去工作，就会失去你自己'。这些完全不同的声音都来自我的内心，但我不知道它们哪一个来自真实的我，哪一个来自被周围人或社会环境长期影响而形成的'我'。我已经分辨不出来了。"

在教练辅导和讲课过程中，我不止一次观察到这种现象：很多人虽然也能听到来自内心的声音，但这些声音却不是自己的，而是早已被内化了的"你应该……"。这样一来，他们就无法通过"听从内心的声音"做出忠实于真实自我的选择。

这个事实非常无奈，也很可惜。积年累月之下，真实自我被"你应该……"封印，最终与我们彻底失联。而它正是我们生命力的源泉。所以，**与真实自我的失联就意味着我们生命力的源泉被切断，这也是导致我们总在纠结、痛苦、烦躁，陷入各种心理问题的重要原因之一。**

如果我们没能觉察这些，而是任凭他人和主流价值观的"你应该……"持续在我们的头脑里播种，那么，伪自我就会替代真自我，伪思想就会替代真思想。最终，我们以为过的是自己的人生，到头来却发现，自己不过是扮演了别人期望和要求的角色，成了他人的替身和影子。

这是多么可惜的一生啊！

可是，最初我们又是如何被“你应该……”封印的呢？

我认为，主要是由四个关键原因所致，分别是：有条件的积极关注、安全感的缺乏、总想被别人喜爱，以及害怕为自己的选择负责。

第一个原因：有条件的积极关注

在我们还小的时候，如果我们的父母、老师或他人只是在我们按照他们想要的或要求的某种方式表现、思考或行动时才会给予我们积极的关注。久而久之，就会形成心理学家罗杰斯所说的“有条件的积极关注”。

我们从父母、老师和他人的言行中发现，如果要得到他们的爱、认可或赞赏，就必须按照他们的要求做出行动和思考。慢慢地，我们便会把来自父母、老师或他人的期待和要求内化成自我要求，把他们口中的“你应该”变成“我应该”或“我是”。

在这个过程中，我们学会了抛弃自己的真实感情和愿望，只接受父母、老师或他人赞许的那一部分自我，因此与自我真实的情感联系变得越来越弱，并最终失去了与真实自我的连接，成了

“伪自我”。

第二个原因：安全感的缺乏

如果一群人一起迷路了，绝大多数人都往左侧的小路走，只有两个人往右侧小路走，这时的你是会向左走还是向右走呢？

我想大多数人的答案都是前者。为什么？因为前者让人感觉更安全、更有保障；而选择后者，我们会不安，甚至会恐惧。

顺从于“你应该”，就等于选择了向左走、随大流。随大流是最容易的，跟随主流力量，会让我们觉得自己做对了，并获得相应的安全感。

哲学家和心理学家弗洛姆提出“机械趋同”的概念，说的是一个人因为自由而感到孤独，为了克服这种孤独，他就把自己变得和其他大多数人一样，一样的着装、一样的品位、一样的看法，甚至连梦想都一样，通过这种做法，他融入了环境，放弃了个性，成为别人的替身和影子，和周围其他“替身和影子”一样。这使他再也不会感到孤独和焦虑，但他付出的代价也是昂贵的，那就是失去了自我。

为了获得足够的安全感，很多人选择了随大流，顺从于“你应该……”，但与此同时，他们也失去了自我、放弃了自己的独特性，丧失了伟大的机会。

正如领导力大师罗伯特·安德森在《孕育青色领导力》中所说：**“我们中大多数人都想找一条安全的路，穿越安全区且成就伟**

大，但世界上没有这样一条路。没有哪条安全的路可以成就伟大，也没有哪条伟大的路是安全的。”

第三个原因：总想被别人喜爱

心理学家卡伦·霍妮说：“人们之所以会陷入“应该”思维，是因为我们不断在外在世界中寻找被别人喜爱的‘自我’标准，妄图根据这个标准创造一个理想的自我。”

人是社会性的动物，从原始人开始，我们就有一个非常重要的“出厂设置”——要以他人的意见为准。所以，“合群才是对的，特立独行就是错的”。不论何时，我们都不想被群体排斥在外，那是令人难以忍受的。

正因如此，几乎没有人不想获得他人的喜爱。为了让别人喜欢自己，为了让别人不讨厌自己，我们往往会在不自觉间根据外在“你应该……”的标准创造一个“理想的自我”。

对此，你可以感知一下，你心中的“理想自我”形象，有多少来自真实自我的渴望和需要，有多少来自对外在“你应该……”标准的迎合？

第四个原因：害怕为自己的选择负责

我有一位读者给我写了这样一条留言：

我有一个困惑，感觉我一方面想要自主权，一方面又把选择权交到了家人手里。比如换住所，妈妈一开始不同意，但我没有理睬她的意见，看房子时我有一些不满意的地方，但也有满意的地方，我很纠结到底是换还是不换，于是就和家人讨论，希望家人支持我换。这时，家人还是不希望我换。我觉得好像自己做什么选择，他们都会阻止。其实，我也意识到，如果我下定决心要换，家人也没法阻止我，但是得不到家人的支持与认同，我又没有勇气去换。艾菲老师，我该怎么突破这个怪圈呢？

这个问题表面看似乎是个“怪圈”，但深究本质，我们会发现，它来自一组矛盾：一方面，想自主决策；另一方面，又不想为自己的决策负责。

这种时常出现的、不想为自己的决策和选择负责的想法，会造成对“你应该……”的顺从。正如哲学家弗洛姆在《逃避自由》一书中说的：**“给我自由吗？千万不要给我自由！因为随着自由而来的是要负责任啊！我一有自由就要自己做选择，选择之后就要做我自己，但是我做不起啊！”**

很多人，嘴上说着要自由，实际上却惧怕自由，因为自由就意味着要自己做选择，然后为自己的选择负责并承担相应的代价。成熟的人能为自己的选择负责，同时也能承担与此相应的代价。但是，对一个不成熟的人而言，为自己的选择负责就是一件压力非常大的事，他不敢承担与之相应的代价。最后，他们干脆让别人替自己做决定、做选择。他们轻松了，却也成了别人的替身，失去了成长和活出自己的机会。

以上这些，就是导致我们总会在不知不觉间顺从“你应该……”的主要原因。当然，除了我们自己的原因，文化和社会也是让我们在成长过程中被迫放弃绝大部分自主、真实的欲望、兴趣以及自己的意愿，转而接受非自主的、由社会思想和感情模式强加的意志、欲望和情感的重要原因。这种强加，往往是隐含的，隐含在我们所处环境的各种规定性中。

不得不承认，这是无法避免的，因为生活环境总会对身处其中的人产生影响。这是我们很难改变的，我们能够改变的只有自己，我们要从对“你应该……”的顺从中走出来。

第 2 节 过于顺从，就会成为长不大的孩子

可是，我们又该如何从对“你应该……”的顺从中走出来呢?

我们出生前跟母亲是一体的，这种状态让我们感到非常安全，却没有自由。我们脱离母体和母亲的怀抱后，开始变得独立，成为独立的个体。这时，独立增加了、自由增加了，但安全感减少了。

为了重新获得足够的安全感，很多人有意无意地顺从“你应该……”，这就像对母亲子宫的回归。借由这种方法，他们可以如愿以偿地获得安全感，但与此同时，也失去了个体的独立性与自由，就像个没有长大的孩子。

马斯洛在书中写道：事实上，在我们每个人的成长过程中，都始终摆着两条截然不同的路：一条是后退的路，为了获得十足的

安全感，通过顺从于“你应该……”退回“母体”，成为“应该的我”，从而放弃个体的独立和自由；另一条是前进的路，为了获得个体的独立和自由，放弃对安全感的执着，转而去发展内心的力量和创造力，不断完善自我人格，最终成为既独特又完整的自我（见图 4-2）。

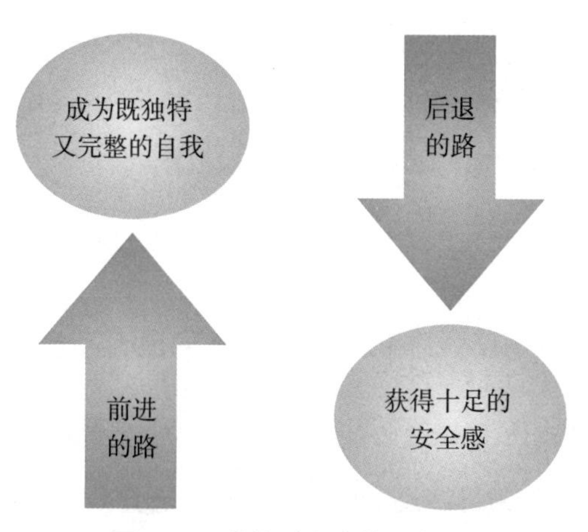

图 4-2 成长过程中的两条路

如果我们不愿意活成别人的替身或影子，也不想一辈子做个幼稚的成年人，那就意味着要选择前进的路。

可是，这条路该怎样走，又该如何破除“你应该”的封印呢？

在这里，我想给大家三个可行的建议。

第一个建议：放下对安全感的过度执着。

体验一回失控的感觉，你对安全感的执着也许就会慢慢消除。在日常生活中，你可以做这样的小练习：

闭上眼睛，把自己想象成一片叶子，本来长在树上，非常安全，但是一阵风刮过，你便从树上开始往下落，一下子失控了，安全感没有了，你害怕极了。这时，你环顾左右，忽然发现，原来你不过是从树上掉到了更加宽广的大地上。你感觉身体被更宽广有力的东西支撑住了，你甚至可以在上面左右翻滚，还能闻到泥土的芬芳……

作为叶片，你从树上坠落下来的过程，就是“失控的过程”。这个过程让你感到非常焦虑，甚至觉得一旦落下就会摔得粉身碎骨。但其实，当它真正发生的时候，你会发现并不可怕。**所谓失控，不过就是从树梢坠落到宽广土地上的过程。**

第二个建议：承担起自己的责任。

那位既想自主决策，又不想为自己的决策负责的学员，可以做的就是从眼前的决策开始，勇敢地承担起自主决策的责任。最后，哪怕事实证明自己的决策是错误的，也没有关系，因为它是非常了不起的开始——开始为自己的选择和决策承担责任。

承担责任意味着压力，但同时也意味着自我的独立和成长。

哲学家尼采曾对这个过程有一个非常精彩的隐喻。尼采说，要从“我应该”的骆驼——那个总是处于被动状态，总是听命于外界，总是在遵从传统和权威的骆驼，蜕变成“我要”的狮子——那个有着强大渴望，不想被人束缚，想反抗和斗争的狮子，就得去跟巨龙战斗。

尼采把这条巨龙描绘成一个金光闪闪的有鳞动物，每片鳞甲上都闪烁着金光灿灿的“你应该”，但这条巨龙正是骆驼本质的化身。骆驼如果想要超越和改变，就得战胜这条巨龙，克服被“你应该”征服了的特性。只有这样，骆驼才能变成一头狮子，才能实现“我要”的状态。

从表面来看，这是一场两个对象的战斗，实际却是骆驼跟自己的战斗。所以，这是一次非常重要的自我超越。骆驼成功战胜巨龙时，就进入了狮子的精神阶段，也就是“我要”的阶段——我要把“我应该”的枷锁击得粉碎，我要去争取我想要的人生！

第三个建议：更多地回归真实自我，聆听来自真实自我的声音。

具体怎么做呢？

我们的真实自我往往隐藏在自己的“内在小孩”里，只是我们的“内在小孩”基本已经被来自外在的社会传统、文化、习俗等淹没了，因此很难听到来自他的声音。

如果想更多地回归真实自我，就要多去聆听来自你“内在小孩”的声音。具体来说，你可以在每个周末专门调出一天或几个小时，让自己彻彻底底地回归到“内在小孩”的状态，在这段时间里做自己真正想做的事、说自己真正想说的话、完全从平日的各种束缚、规范和压抑中跳脱出来。

时间久了，你就能够越来越多地聆听到真实自我的声音，与此同时，萦绕在你耳畔的那些“你应该……”的声音也会变得越来越微弱。

为什么我总是能够听到来自真实自我的声音，其中一个很重要的原因就是：我充分释放了我的“内在小孩”，每当我看到一朵花、一棵树时，都能像个孩子般兴奋和喜悦，会像孩子那样去抚摸它、嗅它、忍不住地赞美它，甚至会因为它的美或苍老而感动到流下眼泪。

正如之前所说，如果一直活在“你应该”的封印下，你的心智会退回在母亲子宫时的状态，成为有着小孩心智的成年人。这时，你的生命力是蜷缩的、潜力是被压抑的，你最终能够实现的目标是极其有限的；反之，如果你勇敢地选择了“前进的路”，你的生命力将会被激发、潜力会被释放、心智和人格也会变得越来越成熟，那时你将成长为真实的自我，成为既独特又完整的人，一个自由的人。最终，你能够实现的将远远超出你最初想象的。

正如约翰·麦克马雷所说：**“除了彻底地成为我们自己，我们的存在没有别的意义。”**

是的，彻底地成为自己，而不是替身，是我们每个人生命中最重要的事。

第 5 章 解除第二个封印：思维的边界

是我们给自己创造了囚牢和拘禁，与他人无关。

（佚名）

第 1 节　边界，就是你能走到的最远处

学员 Echo 跟我讲了他自己的故事。

2009 年高考结束的那天，我知道自己没考好，便做好了复读的准备。在复读那一年，我反复思考的一个问题是：日常练习中，其他同学能做出来的题我也能做出来，有时甚至还比其他同学做得更好，可是为什么我没考好呢？

在这个持续的自我提问中，我意识到我并不是智商不行，而是遇事时产生的想法给自己带来了非常大的负面情绪，这导致我经常受到情绪的困扰，没办法把精力集中在学习上，而这才是阻碍我成绩提升的主要因素。

所以，当其他同学都在看各种学习资料的时候，我看的是《智慧背囊》，那时我把这套书翻过来倒过去地看，希望能对自己的心

理进行一定程度的疏导，从而减少情绪上的持续困扰。

第二年，我终于考上了大学，毕业后开始工作，工作后开始考虑婚姻问题。这时我发现，虽然没有了之前高考时的压力，但是随着年龄增长，那些困扰我的问题也在与日俱增。

比如，如果工作进展不如预期而被领导批评了几句，我的头脑中就会自然而然地出现“领导好像不认可我，我可能已经被他否定了”的想法；如果我和同事在工作中发生了冲突，我就常常会有“他肯定认为我是一个难以相处的人”的想法；在我和家人相处时，如果他们没有照顾到我的感受，我就会认为他们其实并没有那么爱我；和朋友相处中，如果朋友忽略了我，我就会认为其实对他来说我一点儿也不重要。

每当我遇到这些事情并产生这些想法时，我都会觉得我的人生一点儿也不幸福，同时我还常常觉得自己是一个低价值的人。这些都让我深感痛苦，但我并没有放弃自己，我一直在寻找自我解救的方法：参加读书营、情绪训练营，看心理相关的书籍，报各种课程……可惜，这些尝试收效甚微，我仍然活在敏感与自卑中。

Echo 描述的这些问题背后，其实正隐藏着一个思维边界。

什么是思维边界？在对它做出解释前，我想先邀请你做个小游戏（见图 5-1）。

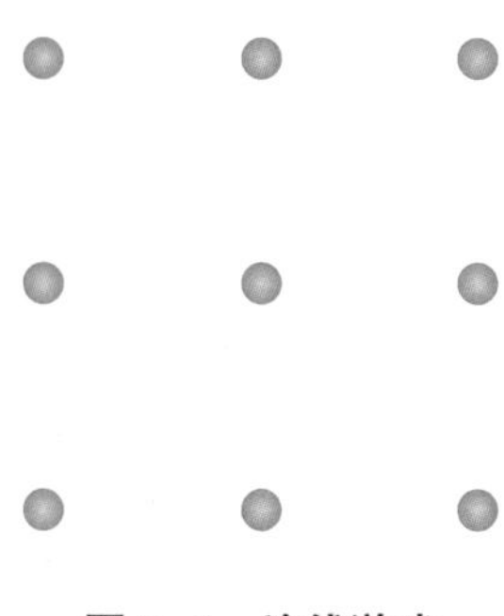

图 5–1　连线游戏

请你把图 5-1 中的 9 个点用 4 条直线一笔连起来，中途不能停笔，必须一笔连起来。现在，就请你亲自动手做一下吧。只有经过自己亲身体验的收获才是最大的。

你做得如何？有没有成功地把这 9 个点用 4 条直线一笔连起来？

是否无论怎么连，始终有一个点连不起来？你是不是一直在这 9 个点形成的正方形里连来连去，所画的线始终都没从正方形里出去过？

但是，我对这个小游戏的要求是“请把图 5-1 中的 9 个点用 4 条直线一笔连起来，中途不能停笔”，并没有说过你必须在这 9 个点形成的正方形内完成，也就是说，在连线时你其实是可以突破这个正方形的。

可见，这个“要在正方形内完成”的条件，是你无意识地添上去的，而且你完全没有意识到正是你无意识地添加的这个附加条

件，让你无法破解这道题目。

这个附加条件，就是一种思维边界。

当你消除了头脑中的附加条件，这个游戏就会变得很容易完成了（见图 5-2）。看到这里，你可能已经感到了思维边界的存在，以及它的巨大影响。

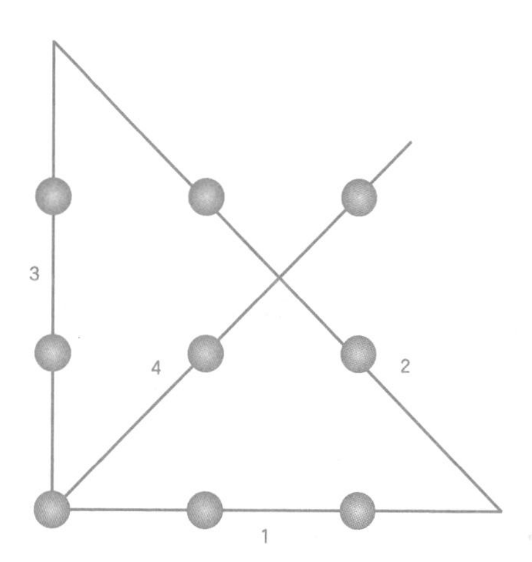

图 5–2　突破思维边界的连线游戏

那么，到底什么是思维边界呢？

思维边界，说的是我们对人或事所做的各种不真实、不客观，并能将我们束缚住的思维假设。这种思维假设往往是我们意识不到的，但它会阻碍我们实现目标，会让我们不时地陷入痛苦，并将我们牢牢困住。

比如，“只有做到出类拔萃，我才有价值”“我的人生价值，就建立在我的职位、声誉和财富上”“只有实现了财务自由，我才能去做自己想做的事”“我的伴侣必须永远把我放在第一位”“我的爱人绝对不能对我有一丁点儿的隐瞒”“没有结婚的女性，就是最失败的女性”“没有孩子的人生，就是不完整的人生”“赚钱少的男人，就是没出息的男人”，等等，这些就是隐藏在很多人头脑中的思维边界，也就是对人或事所做出的各种不真实、不客观的思维假设，它们非常普遍，存在于很多人的头脑中，而且我们每个人还有其他的、不止一个的个性化的思维边界。

在进行了深入的探索后，我的这位学员 Echo 发现，让自己痛苦了这么多年，一直非常敏感和自卑的源头，都来自她的一个思维边界：**只有他人认可或重视我的时候，我才是个有价值的人。**

因为这个思维边界的存在，所以每当他人不认可或不重视她时，她就会否定自己，觉得自己毫无价值，自卑感油然而生，并沉浸其中无法自拔。

这里需要说明一下：在心理学中，有个概念叫“限制性信念”，与我在这里所说的思维边界非常类似，但思维边界的概念外延要比“限制性信念”大一些，比如上述连线游戏，“连线不能超出正方形”的假设是“思维边界”，却不是“限制性信念”。

最近几年里，学员 Mark 的自我评价变得越来越低，工作也越做越差。以前，他做事总是很有干劲，现在，每当拿到一个工作任务，还没开始干就已经产生了非常多的内耗，用他自己的话说就是

“感觉我的肩头扛了一座山，我连一步都挪不动”。在这种状态下，他的工作业绩越来越差，常常只是勉强及格。

通过学习和探索，他发现，原来在他心里，一直都有一个根深蒂固的想法：只有“最好的”才有资格存在于这个世界。所以从小到大，他一路都在追求“最好”。最好的小学、最好的初中、最好的高中、最好的大学、最好的工作，在人生的每个阶段他都努力做到同龄人中的“最好”，在他看来，一步都不能有差池，否则自己就会失去价值，掉入万丈深渊，与终点的那个光辉结局无缘。

“只有‘最好的’才有资格存在于这个世界上”，这句话就是存在于他头脑中的思维边界，而这个思维边界背后隐藏的正是他的评价体系——一个只有 100 分和 0 分这两种分数的评价体系。

这个单一的评价体系以及由此衍生出的“只有‘最好的’才有资格存在于这个世界上”的想法，让他越来越疲惫，也越来越痛苦，以至于还没开始做事就已经“肩头扛上了一座山，连一步都挪不动”。

当意识到他有这样的思维边界后，我开始引导他思考一个问题：“在现实生活中，你所说的这种评价体系是否站得住脚。”

这时，Mark 才第一次真正意识到，只有 100 分和 0 分这两种分数的评价体系，在现实生活中并不存在，这个评价体系所带来的“只有‘最好的’才有资格存在于世界上”的想法也站不住脚。

同时，他也开始了对“价值”评价的思考，他意识到，对“价值”的评价应该是多元的，不应该使用单一标准。在这种思维的指导下，他开始重新为自己建立更客观、更多元、更健康的评价标准。当他越来越习惯用新的评价标准去看待自己后，他感到了前所未有的轻松与喜悦。

思维边界之所以会把我们困住，是因为它代表的不是客观世界的现实，而是我们的头脑对客观世界的主观假设。这种假设是对客观世界进行扭曲后产生的不真实、不客观的狭隘框架。

这些狭隘的思维假设和框架，困住了很多人。在意识到自己头脑中的思维边界，并将它们转化或破除之前，我们看似自由，实际却毫无自由可言。因为头脑中各种各样的思维边界就像一个个枷锁，每一个都对应一个枷锁内的世界与枷锁外的世界。一个人如果背负了很多枷锁，就会生活在由这些枷锁框定的非常狭窄的空间里，不但会经常感到沉重和压抑，同时也与枷锁外的世界失去了连接。

所以说，存在于我们头脑中的思维边界，就是我们每个人能够走到的最远处。

第 2 节　打破路径依赖，走出既定命运

看到这里，你可能会感到困惑：我头脑中的这些思维边界究竟是怎么形成的呢？

主要有五个原因，分别是：原生家庭的影响、过往经历所形成

的解释框架、集体的思维边界、偷渡而来的观念，以及强大的路径依赖。

第一，原生家庭的影响。

一位学员跟我说："人生是残酷的，人生没有什么快乐可言。"他说自己脸上难得出现笑容，就算笑了，也很害怕接下来会发生什么糟糕的事。这是因为他从小到大一直被告诫"不要高兴，否则会乐极生悲"。

"不要高兴，否则会乐极生悲"，正是根植于他头脑中的思维边界，而这个思维边界的由来与他原生家庭的影响密切相关。

还有一位学员，也跟我讲过母亲对她耳濡目染的影响。

我和母亲一起等公交车，等不到，她会责备我："都怪你，每次跟你等车，车就不来。"当我为了改变现状，拼命努力工作时，母亲会说："我和你爸就是这个样子，你还能做成什么样子？"当我鼓励她好好为自己活一回时，她会说："我没有做好过一件事，我的人生只能这样了。"母亲每次遇到问题或困难时，哪怕是一件很小的事，她都会习惯性地把它归咎于命运或性格或过去的经历或基因，而如果我在这时去安慰她"一切都会好起来"，她就会说，"有时候，人要认命"。

这些想法和说法，不仅体现了这位学员的母亲头脑中的思维边界，同时也通过耳濡目染的方式进入我这位学员的心智，成为了她的思维边界："不论我怎么努力都没有用，我要认命。"

在后来很多年里，这位学员都在为这句“不论我怎么努力都没有用，我要认命”的思维边界付出着代价，损耗着青春。

第二，过往经历往往会形成一个或多个模式和框架，然后我们又倾向于用这些模式和框架来理解和解释此后人生中发生的各种事。

如果我们小时候只有在学习成绩非常出色时才会得到父母的表扬和鼓励，学习成绩退步时就会被父母责骂，渐渐地，我们很可能就会形成“只有我的成绩好，父母才会爱我”的思维模式，并用这种思维模式将父母对待我们的态度进行广泛性的解释，遇到任何让自己感到别人不爱自己或对自己不太好的时刻，都可能把它套入这个既有的思维模式里，并把这个思维模式里的“成绩好”变成“足够优秀”，把“父母”变成“所有人”。

直到有一天，我们把“只有我成绩好，父母才会爱我”的思维模式变成了“只有我足够优秀，别人才会爱我”或“只有我足够好，别人才会对我好”，并用它来解释自己遇到的各种关系与问题，它就成了我们根深蒂固的思维边界，而我们也在不知不觉间被这个思维边界牢牢框住。

第三，我们所属集体的思维边界，也会成为我们自己的思维边界。

“不识庐山真面目，只缘身在此山中。”集体的思维边界一旦形成，就会不断自我强化，然后就会作用在身处这个集体的每一个人身上。

前文分析过的“你应该……”，从本质来说，这就是一种集体性的思维边界。当一个群体形成了一种集体性的思维边界，比如认为“找工作就要找稳定的工作”等，慢慢地，它就会潜移默化地影响到群体中的每一个人，并最终成为其中不少人的思维边界。

第四，偷渡而来的观念，也会形成我们的思维边界。

有位心理医生曾参与一个酗酒治疗项目。那时，他每天都会听到酗酒者说酒精能帮他们应对生活中的各种压力、麻烦和挫折。后来有一天，这位心理医生开车回家遇到了堵车，拥堵不堪的交通状况让他感到异常烦躁，就在这时，他的脑海里忽然闪现出一个以前从未出现过的念头：“回到家后，我一定要立即喝瓶啤酒放松一下。”

对这位心理医生而言，这种念头非常荒谬，因为他从不喝酒，家里也从没准备过酒，而且他的家族里也没有酗酒的人，他从小到大都没有产生过这种迫不及待地想喝酒的念头。

那么，他忽然冒出的想喝酒的念头从何而来呢？

你肯定已经猜到了：他听了酗酒者一遍又一遍地诉说喝酒可以缓解焦虑，不知不觉间，“喝酒可以缓解焦虑”就“偷渡”到了他的头脑里，成为了他的观念，让他信以为真。所以这种想法就在堵车途中自然而然地出现在了他的脑海里，因为当时拥堵的交通情况让他非常焦躁。

其实，那个想法来自那些酗酒者，并不是他自己的。但是，他们总在他耳边重复这句话，就使之变成了他自己的想法。同样，“刷短视频可以让人放松”“只要有钱就能幸福”“30 岁就该有房有车”也已在不知不觉间偷渡进了很多人的头脑。

这些被不断重复的偷渡而来的观念，可能来自我们身边的人，可能来自社会主流价值观，也可能来自我们所处环境的文化和习俗，但是，只要它们被一遍又一遍地不断重复，它们最终都会进入我们的头脑，并由此扎根，成为我们的思维边界。

我团队的博涵曾跟我分享他的一个发现。

我看到一个商家在社交媒体上发的动态“罗列一下那些没花多少钱，却带给你很多幸福的小东西”。乍一看这条动态没什么问题，甚至还挺有用。但我还是敏锐地觉得不对劲，不对劲之处就在于这条动态的两个关键词：“钱”和“幸福”。因为只要让这两个关键词同时出现的频率足够高，在不断的潜移默化中，我们就会感受到“钱”和“幸福”的关联度，并进一步认为“有钱才能幸福”。

这种营销技巧，在传播学中被称为“议题设定”。就这样，“有钱才能幸福”的观念就悄悄偷渡进我们的头脑。同样，很多思维边界都是在一遍又一遍地重复后潜入我们头脑，随之固化成我们自己的思维边界的。

第五，无论造成思维边界的原因是内因还是外因，最终都会在路径依赖的加持下，发挥出强大持久的作用。

什么意思呢？

“4.85 英尺[①]，”你知道这个数字指的是什么吗？这是美国航天飞机火箭助推器的宽度。但这个宽度并不是最佳的，专家们发现，如果能把火箭助推器做得更大一点，效果会更好。

那么为什么不做得更大一点呢？

因为这些推进器制造好之后要用火车运送，路上又要通过一些隧道，而这些隧道的宽度只比火车轨道宽一点，因此火箭助推器的宽度就是由铁轨宽度决定的。而现代铁路两条铁轨之间的标准距离是 4.85 英尺。

为什么两条铁轨的间距是 4.85 英尺呢？因为这是电车所用的轮距标准，而早期的铁路是由制造电车的人设计的。

那么，电车的轮距标准又是从哪儿来的呢？最先制造电车的人以前是制造马车的，所以电车的轮距标准沿用了马车的轮距标准。

那么，马车为什么要用这个轮距标准呢？因为这个标准是英国马路辙迹的宽度。

那么，英国马路辙迹的宽度又是从何而来的呢？这是罗马战车的宽度。当时整个欧洲，包括英国的长途老路都是由罗马人为自己的战车行进所铺设的。

① 1 英尺 =30.48 厘米。

那么，罗马人为什么要以这个标准作为战车的轮距宽度呢？原因很简单，这是牵引一辆战车的两匹马屁股的宽度。

从最初马屁股的宽度发展成美国航天飞机火箭助推器的宽度，体现的就是路径依赖。路径依赖就如惯性一般，如果没有强有力的干涉，事物就会沿着原来的路径一直发展下去。

所以，无论造成我们思维边界的是内因还是外因，这些思维边界最终都会在路径依赖的加持下发挥出异常强大且非常持久的作用。因为一切事物都有让自己存在并延续下去的倾向。要实现这种倾向，最有效的手段就是自我强化。这种倾向是在事物诞生之初就蕴含其中的。一旦事物形成，并朝着某个方向前进，事物就会沿着这个方向一路向前，所向披靡。

如果不知道路径依赖的道理，不对它进行干涉，我们就会沿着既定的命运轨道一直走下去。

但是，如果我们的觉察能力足够强，能跳出来站在自身之外审视自己，就像以人类的视角来观看蚂蚁一样。这时，我们就会发现思维边界的形成过程也遵循着路径依赖的法则。

一开始，我们只是受到来自内部和外部的影响，不经意地产生了一些念头，这些念头往往一闪而过。比如“我这次成绩好，父母才会夸奖我”，最初，这个念头的出现可能只是一瞬。但是，这个念头产生后，它会有让自己生存并延续下去的倾向，它会自我强化，并最终在某一天脱离现实，成为我们如影随形的思维边界。

具体表现是：在之后的生活中，我们总会无意识地使用这个想法来理解与父母之间的关系，并把这个想法不断地完善和扩展下去，最终发展为“只有我足够优秀，别人才会爱我”的更广泛性的思维边界。

除非在这个过程中，出现了其他念头同样可以解释我们与父母之间的关系，那么这两个念头之间就会产生竞争。就像不同的植物会争夺同一块土壤中的养分，以使自己更好地延续下去，念头也会争夺思想的主导权，以让自己更好地延续下去。所以，如果胜利的念头一直是同一个，那么它就会成为一个非常牢固的思维边界；反之，如果它输了，就会被另一个念头取代，原来的思维边界就被破除或转化。

基于以上五个原因，我们的头脑在不知不觉间形成了一系列非常强大的思维边界。更可怕的是，我们根本看不见它，因为它是隐形的。

这就好像，假如你清楚地知道自己被一根绳索绑住了，同时看到了那条绑住你的绳索是什么样子、什么材质、绑住了你哪个部位，那么你必然会想尽一切办法挣脱这条绳索的束缚，让自己不再难受；但如果你从来都不知道自己已经被很多条绳索绑住了，也看不到它们的样子、材质、绑住你的位置，那么，你就只会感到痛苦，却无从知晓这些痛苦的根源，以及消除痛苦的方法。

如果是这样，又该怎么办呢?

在这里，我为大家提供了转化或打破思维边界的三个简要步骤。

第一步：要清楚地知道思维边界真实存在，透过表面现象看到正在发生作用的思维边界。

比如上文提到的学员 Mark，他在最近几年里，自我评价变得越来越低，工作也越做越差。以前做事时很有干劲，现在每拿到一个工作任务，还没开始干就已经产生了非常多的内耗。

如果单纯解决这些“现象”问题，他应该解决的是“拖延症”，或是“自我评价低”“缺乏自信”等。

但是，这些都是表象，它们归根结底都来自他的思维边界——“只有‘最好的’才有资格存在于这个世界上”，以及隐藏在这个思维边界背后的评价体系—— 一个只有 100 分和 0 分这两种分数的评价体系。

这个单一的评价体系，以及由此衍生的“只有‘最好的’才有资格存在于这个世界上”的想法，让他越来越疲惫，也越来越痛苦。

那么，究竟在什么情况下，我们能说这些问题都是表层问题，它们背后正隐藏着思维边界呢?

如果某些问题或模式一而再再而三地发生在你身上，其背后就很可能有思维边界在作祟，比如有些人总是在跳槽，有些人接连与恋人分手，有些人总是无法交到知心好友，有些人总是在同一类问

题上受挫，有些人总是在为同一类问题而苦恼。这些情况通常是在提醒我们，其背后可能是某个根深蒂固的思维边界在作祟了。

学员小米，今年29岁，一直没有谈过恋爱，每次有男生找她都会被她拒绝。与此同时，她又很期盼能有个恋人。在探索之后，我们发现，她之所以会有这种看似矛盾的表现，是因为她一直觉得自己还没达到自己心目中优秀的标准，所以每次有男生接近她，想邀请她一起吃饭或喝咖啡，她都会下意识地拒绝，拒绝之后又深感后悔。这样的行为方式总是在她身上一遍遍地重演。

这种反复重演的问题，就是在提醒我们，其背后可能存在着一些根深蒂固的思维边界。后来，我们找到了她的思维边界——“只有我足够优秀了，我才有能力去谈恋爱”。

第二步：检验某个思维假设是不是思维边界。

在寻找问题背后的思维边界时，我们可能并不确定自己的某个想法或思维假设一定就是思维边界，所以还要看我们找到的这个思维假设是否合理，是否真实和客观。因为那些不合理的、不真实、不客观的思维假设才是思维边界。

对小米来说，她头脑中“只有我足够优秀了，我才有能力去谈恋爱”的思维假设是合理的吗？是真实和客观的吗？

显然不是。

为什么？

首先，我们无法定义什么叫“足够优秀”，一万个人对它有一万种定义，客观定义并不存在；其次，“足够优秀”可能是一件永远也无法达到的目标，因为永远都有更好的、更优秀的在前面，所以对“足够优秀”的追求就永无止境；再次，为什么“足够优秀”是“有能力谈恋爱”的前提条件呢？事实上，它们并不存在这样的关系。

因此，存在于小米头脑中的“只有我足够优秀了，我才有能力去谈恋爱”的思维假设，就是一个思维边界，是需要被转化或破除的。

同时，我们还可以用举反例的方法去验证一个思维边界的不合理性。也就是去看看现在这个思维假设有没有反例，如果有反例，就说明它是一种思维边界。

比如，Mark 找到了自己的一个思维假设，想检核它是不是思维边界。这时，他可以向自己提问：我一直认为“只有‘最好的’才有资格存在于这个世界上”，这个结论，有没有反例呢？

这时，他发现自己身边的绝大多数人都不是“最好的”，相反，他们都是“差不多”或“还可以”的，可是他们也活得很好啊，比自己要好得多，他们都有资格活在这个世界上啊。

由此可见，“只有‘最好的’才有资格存在于这个世界上”的思维假设是一个需要被破除或转化的思维边界。

第三步：用一个更合理的想法去替代不合理的思维边界。

小米的头脑里有一个“只有我足够优秀了，我才有能力去谈恋爱”的思维边界。现在，如果我们想用一个更合理的想法去替代这个不合理的思维边界，又该怎么做呢？

这个思维假设之所以能够成为束缚小米的思维边界，其关键原因在于它的条件——“只有我足够优秀了”。所以，我们需要把这个条件打破，并建立一个更加合理的思维假设。

把这个条件打破后，一些更合理的思维假设就出现了，比如：“我可以一边谈恋爱，一边自我成长，在这个过程中让自己不断变得更优秀”，或者“我现在就很好，我有能力去谈恋爱”，又或者“我不需要足够优秀，也能去谈恋爱”……

最后，她选择了用“我可以一边谈恋爱，一边自我成长，在这个过程中让自己不断变得更优秀”作为更合理的思维假设，并用它替换掉了“只有我足够优秀了，我才有能力去谈恋爱”的思维边界。之后，小米不再逃避和拒绝谈恋爱的机会。没过多久，她就有了人生中的第一个男朋友，她的人生也发生了非常大的转变。

可以说，当我们在工作和生活中遇到复杂问题时，当我们面临两难处境时，当我们钻进死胡同总是走不出来时，一般来说，它们背后都可能有思维边界在起作用。这时，我们要去寻找那个把我们牢牢困住的思维边界，并破除或转化它。

如果我们能够看到存在于头脑中的思维边界，并由此破除它们，就会发现人生中那些无法解决的问题、那些两难的处境以及死胡同，都会在忽然之间全部消失，与此同时，新的机会也出现了，我们的人生开始走出狭窄的空间，走向广阔无垠的世界。在这个广阔无垠的世界里，我们获得了活出蓬勃人生的机会。

| 第 6 章 |
解除第三个封印：游戏的规则

有限游戏是有剧本的，而无限游戏是传奇性的。

——詹姆斯·卡斯

第 1 节　卷不赢，又躺不平

我有一位学员 A，她的孩子学习成绩一直很普通，中考时也没能考入好的学校。这让她终日忧心忡忡、异常焦虑。

我问她为何如此焦虑，她说很担心孩子以后考不上大学，找不到好工作，之后也就无法找到好对象，活得非常失败，可能一生都不会幸福。

其实，早在孩子中考之前，她就已经陷入这种焦虑的状态。只是后来她的焦虑变得愈发严重，才来找我寻求解决之道。

从她的描述中，我看到了很多父母的真实生活写照——为孩子的学习操碎了心，为孩子能否考上好的学校持续焦虑。同时，这类问题的解法似乎只有一个——督促孩子好好学习，不断提升考试成绩，最终考上好的高中和大学，并找到一份好工作。

可是认真想一想，我们就会发现，如果大家都在用督促孩子好好学习，不断提升考试成绩，那么最终，所有孩子和家长都会进入旷日持久的内卷。

这种持续内卷会带来怎样的结果呢？它不仅让父母心力交瘁，同时也让孩子彻底丧失了原有的好奇心、想象力、创造力，甚至还会造成心理和精神上的问题。

显然，这是一个十分棘手的问题。

事实上，这个棘手问题的根源就在于：这些孩子的父母都把孩子升学当作有限游戏，所以才会越来越卷，最后不仅心力交瘁，还让自己和孩子失去了鲜活有趣的人生。

什么是有限游戏？

这是哲学家詹姆斯·卡斯提出的一个概念，他把世界上的所有人类活动都看作一次次的游戏，同时认为大多数人类活动都是有限游戏。

有限游戏是以取胜为目的，不断在边界内玩的游戏，所以它只有输赢两种结局。

同时，这个世界上还有另一种游戏：无限游戏。它说的是那些以延续为目的，在延续的过程中产生无数种可能性与结局的游戏，比如：文化、生命。

有限游戏以取胜为目的，无限游戏以延续游戏为目的（见图6-1）。有限与无限的本质区别在于有无边界。有限游戏的参与者为了取胜，会在有限时间里自愿给自己设定很多边界，同时主动放弃自己的一部分自由；无限游戏的参与者则会将时间拉长到一生，他们不以输赢为目的，而是主动延续着各种无限游戏，以达成根本自由的状态，他们的边界只有一个，那就是生命的终结。

过去的我，就是一个“有限游戏”玩家。

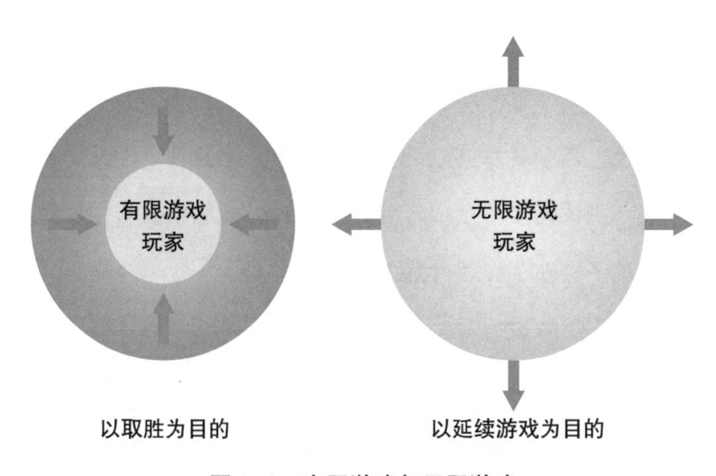

图 6-1　有限游戏与无限游戏

从小学开始，我就加入了“好好学习，努力考第一”的“有限游戏”之中。那时，我的学习成绩不错，每次考试都是前三名，所以我的压力不算大，会把很多时间放在玩耍上。

上初中后，我开始感到“有限游戏”变得越来越严肃了，因为它关系到中考和高考，关系到我的前程。于是，我开始把越来越多的时间和精力放在了学习和竞争上。慢慢地，我对这个广袤世界的好奇与探索之心在这些“游戏”中磨灭了、消失了。

刚上大学时，我终于感到这个“游戏”不再严肃，忽然有时间读书、玩耍、谈恋爱了。然而，在大二时我却再次发现，大学外还有一个更加严肃的名叫“看谁能找到好工作”的“有限游戏”在等着自己，于是幡然醒悟，立刻投身于考研、考 GRE、为笔试面试做准备的努力中。

最后，我找到了一份看起来很不错的工作。可是，还没来得及喘口气，我就开始了新一轮的“有限游戏”：看谁升职早，看谁挣钱多，看谁住的房子大，看谁开的车更好，看谁的孩子更聪明……

每次当我好不容易达到一个新层级，只要环顾左右，马上就会发现自己还是不够优秀，财富还是不够多，我就会投入下一个“以赢为目的”的“有限游戏”中。

就这样，随着“游戏”的不断推进，我感到越来越累，越来越焦虑，也越来越无法感受到生命的意义。我不知道自己的人生究竟是为了什么？是为了让自己获得更多的财富？是为了让自己在同学聚会时不被比下去？还是为了获得别人的羡慕与称赞？

直到有一天，我看了《有限与无限的游戏》这本书，虽然这是一本有些晦涩的哲学书，但我却忽然明白了我的境遇正是遵从有限游戏的玩法造成的，是我在不知道有两种游戏方式的情况下，糊里糊涂地把自己困在了有限游戏里的必然结果。

在玩有限游戏的过程中，我把我的人生过成了跟大多数人一模一样的人生，我也活成了跟他们一样的人：**以取胜或以比周围人更好为目标的人。**

与此同时，我也失去了真正的自由。为了在一场接一场的有限游戏中取胜，我努力拼搏、疲于奔命。为了实现这个取胜的目标，我自动抛弃了其他的人生可能性。于是，一场接一场的有限游戏把我困在了一个非常狭窄的空间里，而且这个空间还在变得越来越小。因为随着时间的推移，我越来越怕输，越来越不敢做出选择，最终，我离真实的自我以及内心深处的渴望越来越远，离能够实现的、彻底活出天赋、潜力、价值与意义的人生也越来越远。

明白了这一点后，**我就下了一个非常重要的决心：我要做无限游戏的玩家，我要活出无限游戏的人生，就算有时面对的是一个既定的有限游戏，我也要用无限游戏的思维方式去玩。**

这就是我们要解除的第三个封印——有限游戏的封印。解除这个封印的方法有两个。第一个方法是，把自己的人生从一场接一场的“以赢为目的”的有限游戏，转变成多个“以继续玩游戏为目的”的无限游戏；第二个方法是，在面对无法改变的、既定的有限游戏时，学会用“无限游戏”的思维方式去玩。

我会在本章第 3 节“成为了不起的我”中描述第一个方法，而第二个方法，我会继续用学员 A 的例子做说明。

第 2 节　如何破局而出

如果学员 A 一直把自己和孩子的人生看作有限游戏，就会在

“卷也卷不赢，躺又躺不平”的焦虑中越陷越深。相反，如果她能把自己和孩子的人生看作无限游戏，或者时常切换到无限游戏的思维模式中，就能打开格局，迎来完全不同的人生。

现在，就让我用这位学员的真实案例，带大家看看如何从“卷也卷不赢，躺又躺不平”的境遇中破局而出。

从本质上说，她的问题是有限游戏的问题，她的焦虑和痛苦也是由“看谁能考上好中学”和“看谁能考上好大学”这两个有限游戏带来的。

于是，我依次向她抛出三个问题，请她认真思考。

问题一：孩子中考是有限游戏，还是无限游戏？

她回答道：“这是有限游戏。”

的确如此，一个游戏是有限游戏还是无限游戏，往往不是由我们决定的。比如：中考和高考，它们都是有限游戏，因为它们存在的目的就是要分出胜负、完成筛选。所以，我们无法改变这些特定的、已经由别人规定好的有限游戏。毕竟，有限游戏广泛存在于我们的人生中。

问题二：你想参与这个有限游戏吗？

她回答道：“不想参加，但又不得不参加。”

她的答案非常中肯，毕竟我们都会在某些时候参与一些不得不参与的有限游戏，比如中考、高考、岗位竞聘等。

问题三：如果你决定参与这个有限游戏，那你是想用有限游戏

的思维方式参与，还是想用无限游戏的思维方式参与？

她给出的答案是："之前，我是在用有限游戏的思维方式参与，也因此感到很痛苦、很焦虑，现在我希望能做一些改变，换一种思维方式去面对这些事。"

我之所以会提这个问题，就是想把她从既定的有限游戏中，拉回到她可以自己决定的部分上。考试的方式有其存在的目的和理由，是我们很难改变的；我们可以改变的部分是什么呢？是我们自己的思维方式。

所以，如果不得不参与眼前这个名叫"中考"和"高考"的有限游戏，她依然还有选择，她可以选择用有限游戏的思维或是无限游戏的思维去参与。比如：她决定让孩子参加中考和高考，同时她将采用无限游戏的思维去参与，而不是用有限游戏的思维去参与。

可是，究竟要怎样做，才能用无限游戏的思维方式去参与既定的有限游戏呢？

这里的关键在于两件事：消除时空边界和打破游戏规则。

第一件事：消除时空边界。

有限游戏在时间和空间上都是有限的。在我这位学员的例子中，有限游戏的时空边界是在她孩子初中和高中这几年，也正因为有了它们的限制，这位学员的焦虑才与日俱增。

所以，我们首先要做的就是去消除这个有限游戏的时空边界。

如何消除呢？

我们可以把有限的时空边界拓展为无限的时空边界，比如：在我这位学员的例子中，她可以做的是，把初中到高考这几年，扩展为孩子的整个一生。

这时她就会发现，就算孩子没有考上好的大学，只要他愿意学习、愿意成长，那么未来就还有非常多的机会获得自身的成长。比如，他可以选择上其他形式的大学，也可以通过自学的方式精进能力，有所建树。

“现代舞之母”邓肯，因为厌烦学校里的条条框框，在10岁时毅然辍学。11岁时，她和姐姐一起创办了舞蹈培训班。当时流行的是踮起脚尖跳的芭蕾舞，但邓肯对此深恶痛绝，她认为这是在摧残肉体，过分的技巧玷污了人体的自然之美，于是她立志要开创一种全新的舞蹈，一种将肉体动作发展为灵魂语言的舞蹈。

邓肯虽然没有完成正规的学校教育，但她终身都保持着学习和阅读的习惯，读起书来如饥似渴，不管是古希腊先贤们的哲学著作，还是同时代思想家如黑格尔、康德的著作都能让她着迷。她到德国巡演时，枕边书就是康德的《纯粹理性批判》。保持学习是一种非常重要的能力，而她之所以能够拥有之后的成就，全靠不断自学。比如她自然率真的舞蹈风格，其灵感源泉就来自浑然天成的希腊艺术。

可见，文凭和学历的缺失并不能阻挡一个真正好学和有创造力的人最终有所建树。只要一个人真的想要、真的努力，那么他完全可以自学成才。就像我们现在，可以非常轻松地通过网络学习到国内外最顶尖教授讲授的各类课程。网络和移动互联网，帮我们消除了获得知识、技能，以及文凭、学历的壁垒，它让每一个人都有了把有限时空拓展为无限时空的可能。

一旦时空边界被消除，我们看待问题的视野就会一下子宽广许多。**只要不把孩子的人生等同于从初中到高考这几年，我们就会发现他的未来其实还有很多种可能，甚至有比直接考上大学更好的可能。**

第二件事：改变游戏规则。

什么是游戏规则？

有限游戏的规则只有一个：取胜。我的这位学员例子中的游戏规则是：孩子必须考上理想的初中、高中和大学，必须成为学生中的前 50%，甚至前 20%。这个游戏规则正是造成她焦虑的重要原因。

但是，真就只有这一条路吗？

并不是，她可以选择不去遵循这个有限游戏的既定规则，而是为自己重新制定无限游戏的规则。比如：她可以继续鼓励孩子上课听讲、认真学习，但是学习的目的却不再是获得优异的考试成绩，或是进入理想的学校，而是满足孩子与生俱来的好奇心、求知欲，增加他的知识储备，提升他的独立思考能力，让他在身体、心灵与头脑上健康全面地发展等。

这就是对游戏规则的改变，虽然摆在眼前的依然是同一个有限游戏，但是我们却能用无限游戏的思维让自己乐在其中。

那么，孩子最终有没有考上理想的学校，作为父母的我们都不会陷入焦虑。因为我们真正在意的是：孩子的好奇心、求知欲是否得到了满足，孩子的独立思考能力是否得到了提升，孩子在身体、心灵与头脑上是否获得了健康全面的发展；而不再像原来那样，只关心他是否考上了理想的学校。

这就是面对同一个有限游戏的两种思维方式：有限游戏的思维方式与无限游戏的思维方式。当我们无法选择自己面对的游戏是有限游戏还是无限游戏时，至少可以选择面对它的思维方式——用无限游戏的思维方式去代替有限游戏的思维方式。

当然，要想完成从有限游戏思维方式到无限游戏思维方式的转变并非易事。原因有二。

原因一：隐藏在头脑中的思维边界。

在很多人看来，只有“赢”的人生才有价值，只有考上理想的学校的孩子才有出息；只有不断升职加薪，才算过得还行；只有住上大房子、开上好车，才能获得幸福……这些想法，就是隐藏在我们头脑中的思维边界。

如果不去觉察、打破或转化它们，这些思维边界就会始终操纵着我们的大脑，让我们无法走出有限游戏的规定与界限。

原因二：强大的习惯，以及由此而来的路径依赖。

大多数人早已习惯了参加一个又一个“以赢为目的”的有限游

戏，因此也就习惯了持续不断的内卷，仿佛这才是人生唯一的目的，以及正确的人生打开方式。当习惯形成之后，它就会不断进行自我强化，形成“路径依赖”。路径依赖一旦形成，我们就很难摆脱它。

如果能够看见并转化头脑中的思维边界，打破强大的路径依赖习惯，那么我们就有可能成为无限游戏的玩家，或是用无限游戏的思维方式去参与有限游戏。当我们能用开放的、无边界的方式去参与广阔的无限游戏，我们就能获得“传奇性”的结果，并活出“传奇性”的人生。

外企高管 Sunny 第一次找到我时，我就感觉她身上仿佛有一个无比沉重的包袱。那是一个什么样的包袱呢？在我们的探索下，我发现她把自己的工作结果看得特别重，而她对自己的人生也持类似的态度。不论是工作，还是人生，对她而言，都是一场又一场必须赢的角逐。这些角逐不断牵动着她的情绪和心境，让她总是处于焦虑和不安中。

她对我说：“我一直以来都是打卡式的，必须完成一个又一个任务才能活得安心，让别人觉得‘我是赢家’，否则我就没有安全感。一两年前，因为一些事情，我开始觉得这个状态不行，但与此同时，我也发现周围人都是这样，大家都想过得好，要变得更强，在这种不停地内卷中，我感觉自己就算想逃也逃不出去。但在内心深处，我还是很想改变的，因为我不希望自己一辈子都这样辛苦和难受。”

于是，我引导她去看两种不一样的人生方式：“有限游戏的人生”与“无限游戏的人生”。

在那之后，她对工作和人生的态度发生了很大转变。她说：“现在的我，看到的世界是充满新鲜感的乐园，生命充满了乐趣，我就像站在一个游乐园的入口，穿得很轻松，背着吃的喝的，准备进去大玩一场。我的脸上是期待的、跃跃欲试的表情。我感觉特别轻松，没有包袱，对自己也很有信心。我发现这不是考试，而是让我去玩的。这是一个特别特别大的游乐场，五颜六色，里面有很多我从来都没玩过的项目。”

在几次教练对话后，Sunny 欣喜地告诉我，以前她对成就感和安全感的追求占据了生命的 95%，现在它们在消退，相反，生命力涌现的追求内在自由的渴望则越来越强烈。她感觉自己的负能量减少了，好胜心减少了，也不再像以前那样总是处于防御和戒备中。以前的她一直抱怨、焦虑和不安，现在的她，感觉自己是平和的。

这就是从有限游戏的思维模式到无限游戏的思维模式转变后，所带来的真实的人生改变。

其实，人的出生本就具有传奇的性质。如果想续写这种传奇，我们就该活出自己，挖掘属于自己的天赋，成为自己领域的“天才”，在这个广袤的世界里自由自在、尽情地玩。这时，我们的心态是开放的，我们不再执着于输赢，也不再局限于各种边界，而是期待不断改变与探索，不断体验人生中的各种可能性。最终，这一切将为我们带来终极的自由，内心的自由。

如果能够消除时空边界，修改游戏规则，我们的人生就会变得非常不同。正如詹姆斯·卡斯说的：**有限游戏是有剧本的，而无限游戏是传奇性的。**

第 3 节　成为了不起的我

那么，我们又该如何把自己的人生从一场接一场的“以赢为目的”的有限游戏，转变成多个“以继续玩游戏为目的”的无限游戏呢?

我给出的方法是：为自己设计人生中的无限游戏。我就为自己设计了人生中的四个无限游戏。

第一个无限游戏：阅读书籍。

这些年里，我读了各种各样的书，包括心理学、哲学、经济学、管理学、科学、历史、人类学、天文学等。

每一次阅读，我都像在和一个人或一群人对话。我总是会为伟大的时代、伟大的灵魂、伟大的头脑、伟大的心灵而震颤。当我了解他们的思想，去寻找其思想背后的轨迹，去感受他们的感动、体验他们的体验时，我感到了一种强烈的连接，那是与伟大的头脑、伟大的心灵以及美好的灵魂的连接。每天，我读书，都像在与诗人、艺术家、哲人、思想家、心理学家、历史学家、科学家们对话。而这也是我为什么会在读书上花费很多时间的原因之一。

我在复旦大学哲学教授王德峰那里找到了共鸣，他说：“读非必读书的经历，是一种怎样的感受呢？我想，最恰当的比喻是‘恋爱’。恋爱是人生的一所伟大的学校，教会我们从前不懂的道理，让我们的心灵丰富起来。作为恋爱的读书，是一种真正的精神经历，是生命与心灵的交流与对话。作者的生命，我们自然不能直接体验到，但作者写了一本书，就像你的恋人同你谈生命的感受。好的书，是一个合格的恋人。合格的恋人是怎样的？是值得我们崇拜的，值得我们与之交心、向之倾诉甚至与之争吵的，这同实际生活中的恋人之间的关系是一样的。在书的海洋中找到恋人的人，在旁人看来就好像犯病了，他手不释卷，或悲或喜，废寝忘食，夜不能寐。读书读到忘情之时，自己自然也要写书了，那是‘情书’——读书杂记。这是伟大的隐私，你不好意思拿出来给人看。好的书是一个富于理想的、独特而有趣味的心灵。这样的心灵，对我们很重要。”

看这段话时，我忍不住击节赞赏。这不就是我在读书时常常会有的感受吗？我时常一边读书一边击节赞赏——“他怎么说得这样好！”

现在的我，每天都会留出至少两小时用于读书，能够做到这一点，靠的不是坚定的意志力，而是我对灵魂对话的渴望，以及对新知的好奇。对我而言，读书就是一场有趣且没有尽头的无限游戏，每每想到这一点，我的内心都会无比雀跃与欢喜，因为有了书，我不会感到孤独。

在这样的阅读里，我慢慢放下了很多年来早已习惯的有限游戏，因为我有比有限游戏更有趣的事情可做，我被自己的好奇心驱使着，期待进行一次又一次或伟大或有趣的灵魂对话。

我想，终我一生，也无法把想读的书全部读完。所以，它是一个没有边界、不争输赢，可以一直玩下去的无限游戏。

第二个无限游戏：修习智慧。

智慧与知识并不相同。

那么，智慧是什么呢？古希腊谚语说，从你所经历的一切中获得理解，这种理解就是所谓的智慧。我想，它是将智力、知识、经验、判断和体验等综合起来，并以某种方式形成的融会贯通的理解。

相比知识，智慧显然更难获得。没有了阅历、思考、实践和体验，我们得到的永远只是零散的知识和方法论。

积累知识固然重要，但“知识”只有在经过自己的真实体验和阅历后，才能真正被我们理解，这时我们在过去所学的知识、方法、理论才能与我们的真实体验和阅历融为一体，并最终成为我们自身的一部分。

这时，智慧就开始形成。

智慧，是通往最终的、心灵自由的路，所以，要想获得自由的心灵，我们就要修习智慧。很多年前，我写过一篇文章，名为《成为快乐的猪还是痛苦的苏格拉底》，论述了为什么明知痛苦却依然想获得智慧的原因。其实，从那时起，我就清楚地知道，在通往智慧的路上，迷茫与痛苦不可避免，然而，与无知的快乐相比，我宁选前者。

对智慧的修习没有止境，也十分有趣，它不以取胜为目的，而以延续游戏为目的，所以，它是我人生中非常重要的无限游戏。

第三个无限游戏：感知美与艺术。

在写这段内容时，我恰好看见了书桌上的水仙花。它已开出3朵小花，洁白的花瓣、嫩黄的花蕊，玲珑剔透、清香扑鼻。我看着它，心中涌起一阵阵美好的感受。

这就是美带给我们的价值，美看似“无用”，但是，如果生命失去了美，一切都会变得索然无味。

无论我站在国外博物馆和美术馆里看着米开朗基罗的雕塑、波提切利的画，还是在中国书画特展中看赵孟頫的字，黄公望的画，都会无比真切地感受到来自灵魂深处的战栗。每一年，我都会花不少时间去各地参观艺术展，在这些展览中，我与艺术大师们一次次地进行着灵魂交流，感受着他们对美的执着、对生命的热爱、对名利的淡泊、对自然的体悟、对生命的观照。在这些时候，我总会深深感到，时空根本算不了什么，它阻挡不住我们灵魂的相遇，也阻止不了我对数百或几千年前的美与艺术的向往。

每年，我还会在不同季节去欣赏不同的自然之美，园林里的海棠春色、湖泊里的夏日荷花、森林里的秋季色彩、冬日里的茫茫雾凇、夕阳西下的山峰、落日熔金的大河、布满鲜花的草原、一望无际的戈壁，蔚蓝澄明的湖泊……这一切，都为我带来了久久不能忘怀的美。

事实上，美无处不在。空灵是美，充实也是美；自然是美，艺术也是美；春天是美，秋天也是美；动感是美，静穆也是美；光影是美，线条也是美；浓郁是美，淡雅也是美；建筑是美，文学也是美；早晨的太阳是美，傍晚的夕阳也是美；满月是美，月牙儿也是美……只要留心，随时随处都能看得见美。

就这样，我积年累月地看着、感知着。这些来自艺术家以及大自然的艺术之美和自然之美，慢慢地渗入了我的灵魂，影响了我的生命，让我的生命因此发生了质的改变。这种改变，不仅让我对美和艺术有了更敏锐、更深刻的体验，同时也让我对"物我合一"的状态有了生动真切的体会。经过自然和艺术的洗礼，我终于体验到中国古代哲人所说的"物我合一"的状态。

倘若我们从来没有感知过艺术和自然，那一定是莫大的遗憾，我们的人生就是单一的；相反，如果我们在艺术和自然的光辉中生活，那我们就是度过了双倍人生的人。

感知美和艺术，是我人生中的第三个无限游戏，在这个游戏里，我只觉得时间不够，生命太短；在这个游戏中，我是那么的贪婪，我的眼睛永远都看不够，我的心灵永远都体验不足。

第四个无限游戏：学会爱、践行爱。

我认为：赋予一个人意义的不是关系本身，而是存在于关系中的爱。

我们每个人都能拥有很多的关系，但是，如果不会爱，我们在关系中给予他人的就会是“占有”“控制”和“折磨”，这样一来，我们就无法从这些关系中获得任何意义。所以说，生命的意义在于关系中的爱，而不是关系本身。

那么，到底什么是爱呢？

我曾用了很多年的时间来思考和体会这个问题，直到后来，我终于明白，爱不是激情、不是依赖，而是深深的理解和接纳，爱是要去支持自己所爱的人去活出他的生命力的。

首先，什么是深深的理解和接纳？

对这个问题，我想邀请你感知一下：你对自己的爱人、孩子、父母，能够做到深深的理解和接纳吗？还是一看到他们身上的缺点和问题，就会觉得非常焦躁，甚至唯恐避之不及？

其次，什么是支持自己所爱的人活出他的生命力？

对这个问题，我也想邀请你感知一下：对你爱的人，你是支持他们活出他们的生命力，还是限制他们，让他们成为你的“工具”？比如，让他们作为你赚钱的工具，让他们作为你过上好日子的工具，让他们作为安慰你的工具，让他们成为可以让你到处炫耀的工具。

当你感知并回答完这两个问题后，就会知道你内心深处对他们的情感究竟是爱还是占有，是依赖还是控制。

理解了什么是爱，你会发现，学会爱并践行爱，是一个没有边界、不争输赢的无限游戏，也是一个需要自己用一生时间去练习和完成的游戏。

以上，就是我为自己的人生设计的四个无限游戏：阅读书籍、修习智慧、感知美与艺术，以及学会爱、践行爱。借由它们，我从之前一场接一场的有限游戏中走了出来，走向了更广阔、更美妙的世界。

不知看到这里的你，会为自己的人生设计什么样的无限游戏呢?

| 第 7 章 |

整合对立：进化到更成熟的心智模式

检验一流智力的标准，就是头脑中能同时存在两种相反的想法但仍保持行动的能力。

——菲茨杰拉德

有位读者给我留言："上次你在文章里说要跳出舒适圈，现在又说要找到自己的甜蜜区，不要离开甜蜜区，这两者不是互相矛盾吗？"

从表面来看，跳出舒适圈与找到甜蜜区是矛盾的，这样的"矛盾"，在我们的生活和工作中随处可见。但从本质来说，它们并不矛盾，是能够同时成立的两件事。

如果只看事物的矛盾，陷入"二元对立"，我们的思维和理解力就很难提升，我们的心智也很难走向真正的成熟。因为"二元对立"是一种会把原本可能性压缩一半，同时还能制造出非常多外在矛盾及内在冲突的心智模式。无论是时常发生的"行不通""卡住了"的感受，还是国与国的战争、部门与部门的冲突、人生的迷茫，或是我们内心持续不断的消耗，都与"二元对立"的心智模式息息相关。

这种心智模式，有四种非常典型的表现，体现在看待自己、看待他人、看待事情和看待选择这四个维度上。

在看待自己时，他们的想法是：我要么是优秀的，要么是差劲的；我身上的那些特点要么是优点，要么是缺点；我的行为和情绪要么是正面的，要么是负面的……在看待他人时，他们的想法是：这个人要么是好人，要么是坏人；要么是成功者，要么是失败者……在看待事情时，他们的想法是：这件事要么是好事，要么是坏事；要么是幸运，要么是倒霉……在看待选择时，他们的想法是：要么选择 A，要么选择 B，除此之外别无选择……

这种心智模式，无疑会把我们框在一个非常狭窄的空间内，并制造出各种各样的问题和困扰。那么，我们又该怎么办呢？

要想避免或解决这些问题，我们就要从狭窄走向广阔，这就意味着我们要从“二元对立”的心智模式中走出来，走向更成熟的心智模式。

那么，更成熟的心智模式是什么样的呢？我把更成熟的心智模式与“二元对立”的心智模式做了一个比较（见表 7-1）。你会发现，在不同心智模式下，人们在看待自己、看待他人、看待事情，以及看待选择这四个维度上，都有完全不同的表现。

表 7-1　两种心智模式

维度	"二元对立"的心智模式	更成熟更高阶的心智模式
看待自己	要么优秀，要么差劲；要么是优点，要么是缺点	是缺点，也是优点；是负面情绪，也是深层需求
看待他人	要么是好人，要么是坏人；要么是优秀的人，要么是糟糕的人	灰度哲学观
看待事情	要么是好事，要么是坏事	相互转化观
看待选择	要么选择 A，要么选择 B，除此之外别无选择	你永远都有选择

第 1 节　看待自己：是缺点，也是优点

学员 Tom 跟我说，不论做什么事他都瞻前顾后、犹犹豫豫。比如，很多年来他一直想换工作，却一直犹犹豫豫，担心换工作后会出现这样或那样的问题和风险，所以一直没换；几年前他就想换房子了，却一直犹犹豫豫，担心换房之后会出现这样或那样的问题和风险，所以一直也没有换。

他特别讨厌自己的这个缺点，感觉很受拖累。就连妻子也说，受不了他这种瞻前顾后、犹犹豫豫，总是无法做出决断和选择的缺点。因为这个缺点，无论是他生活中的事情、工作中的事情，或是人际中的事情，几乎都处在了停滞状态，很多年都没有一丁点儿突破和进展。

我问他："这些是瞻前顾后、犹犹豫豫给你带来的不好的影响，

那么瞻前顾后、犹犹豫豫又给你带来了哪些好处呢？”

他想了想说：“我没有做过风险很大的事，免受了很多伤害，也没有入过任何‘坑’，我周围不少人都入过各种各样的‘坑’，但是我从来都没有过。”

我接着问：“现在再来看这个‘缺点’，你又看到了什么？”

他回答道：“我看到它给我带来了两方面影响，一方面让我犹犹豫豫、瞻前顾后，很难做出决断；但另一方面，它让我小心谨慎，从未做过风险很大，或是‘入坑’的决定，帮我规避了很多风险和损失，甚至避免了一些灾难性的风险和后果。前几年，我周围不少朋友都买了 P2P 理财产品，那时他们还劝我一起买，因为小心谨慎，我没有买。后来 P2P 爆雷了，他们把存了很多年的钱都赔光了，但我没有，现在这么一想，我倒是真得好好谢谢我这个‘缺点’啊。”

Tom 口中的“缺点”，并不是真正的缺点，而只是一个特点。这个特点有两个面向，一个面向是犹犹豫豫、瞻前顾后；另一个面向是小心谨慎、规避风险。

当 Tom 把注意力全部放在“犹犹豫豫、瞻前顾后”所带来的影响上，自然就会把这个特点说成缺点，对它非常不满，想除之而后快。

这样的例子，还有很多。

我的一位学员莎莎，平时总是惧怕冲突，不喜欢看到冲突，更不喜欢经历冲突，这让她很不喜欢自己，觉得自己非常软弱，很想改掉这个缺点。

我问她："你不喜欢看到冲突，不喜欢经历冲突，这给你带来了哪些好处呢？"

她想了想说："我会维持和谐的氛围，对周围的人都很友善，所以我待过的所有公司里，同事都很喜欢我，我也没跟别人产生过任何矛盾和冲突。就连我现在的老板也说，每次做 360 度评分，我在我们团队里的'他评'分数都是最高的。"

莎莎一直觉得自己有个缺点——惧怕冲突，并因此觉得自己非常软弱，不太接纳自己。但我的发问却让她忽然发现这个"缺点"的另一面，也就是给她带来的好处——在她的周围，氛围总是和谐的，所有人都很喜欢她，她跟其他人也没有过任何的矛盾和冲突。所以，每次做 360 度评分，她的"他评"分数总是最高的。

由此可见，她口中的这个"缺点"，也不是缺点，只是当她把自己的注意力全部放在"惧怕冲突"所带来的负面影响时，自然把这个特点说成缺点，对它非常不满，想除之而后快。

不论是 Tom 还是莎莎，如果都成功除掉了自己的"缺点"，那么与这个"缺点"连在一起的那个"优点"——对 Tom 来说是小心谨慎、规避风险的部分，对莎莎来说是和睦友善、人缘好的部分，也会被一并除掉。

事实上，我们与生俱来的优点，其背后正隐藏着我们与生俱来

的缺点。而我们与生俱来的缺点背后，也隐藏着我们与生俱来的优点。

我们赞美某个人意志坚定，但其实，它也有不好的影响，那就是固执和坏脾气。意志坚定的人往往要花费大量时间和精力才能学会克服固执，控制自己的愤怒。

我们赞美某个人抱负远大、很有志向，但其实，它也会带来不好的影响，那就是人无法随遇而安，往往需要花费大量的精力和时间，经历很多痛苦挫折，才能学会并践行“只问耕耘，不问收获”的道理。

我们赞美某个人精益求精、追求卓越，但其实，它也会带来不好的影响，那就是人对自己和他人的要求都很高，甚至苛刻，没有达到完美标准时可能会暴跳如雷、焦躁痛苦，往往需要花费大量的时间和精力，才能学会让自己和他人活得轻松一些。

不论是意志坚定、抱负远大，还是精益求精、追求卓越，都是一些好的品质，但它们同时也会表现出不好的一面，比如固执、坏脾气、无法随遇而安、不知适可而止，这些都会给当事人带来无穷无尽的烦恼和痛苦。

就像创建苹果公司的传奇人物乔布斯，他既有坚定的意志，又有远大的抱负，同时还有精益求精的精神，以及对完美的不懈追求，正因为他所具有的这些特质，他才引领了苹果的发展，开创了一个时代。但与此同时，他那暴躁、阴晴不定的脾气，还有他那桀骜不驯的个性，都让他的下属、合作者，以及身边的人备受折磨，同时也让他的身体在不知不觉间受到了损害。

每一点与生俱来的优点，同时也是与生俱来的缺点。**而我们感受到的、看到的自己身上的每一个缺点，也都对应着一个优点。因此，我会说，人没有优缺点，只有特点。**

我们身上的每一个特点，都有两个面向，一个面向会带来好处；另一个面向则会带来烦恼和问题。前者被我们称作优点，后者被我们看作缺点，但从本质来说，它们只是同一个“体”的两个“面”而已。

这就像是光与影的关系，没有光，就不会有影；没有影，也自然不会有光。消除了影，就等于消灭了光；想要消除影，就得消灭光。所以，对我们任何一个人来说，都不可能只保留光，却不要影，只要优点，却不要缺点。二者同时存在、同时消失。

可是，为什么我们通常都只看到了自己身上的缺点，却对缺点带来的“好的一面”视而不见呢？

我想，这可能跟我们从小到大的成长环境有关。小时候，我们没把事情做好，父母和老师都会在第一时间指出我们的问题，以及我们身上存在的缺点，然后语重心长地告诉我们：“这个缺点你要改掉。”甚至直到现在，我们的父母还是会这样说：“这是你的缺点，这么多年了，你怎么还是没有改掉。”

我们在这样的环境中成长，始终把注意力聚焦在自身缺点上的思维模式就会像烙印那样深深地印刻在我们的头脑中，甚至是身体的本能里。这样一来，遇到问题时，我们的第一反应就是指向自己的缺点，而头脑中弹出来的第一句话就是早已被父母重复过很多遍的："这个缺点你要改掉。"

其实，所谓的缺点，只是我们身上的特点呈现出的"不好的一面"。

那么，到底什么是特点呢？

它说的是我们在面对人和事时，自然而然、反复出现的思维模式、感受和行为方式，也就是本书第 3 章"选择三层级"中所讲的"天赋 / 特点"。注意：本书中天赋、特点、天赋 / 特点，以及特点 / 天赋，表达的都是同一个意思。

比如 Tom，他在遇到事情时总会自然而然地发现其中隐藏的风险，这就是他的显著特点 / 天赋。仔细观察一下自己或你的老板、伴侣、孩子，你会发现，每个人在面对不同事情时，其思维模式、感受与行为方式都是不一样的。比如：

有的人，总能在各种场合快速结交各种各样的朋友，无论是在出租车上还是在聚会上。在他眼里，世上的人只分为老朋友和新朋友。那是因为他的身上有着"总想赢得别人青睐"的特点 / 天赋。

有的人，他的头脑片刻不停，一有空闲就会思考，而且还会常常反思自己，周围人有时会说"你怎么想那么多"。那是因为他有

“爱思考”这一特点 / 天赋。

有的人，不喜欢看到冲突，更不喜欢经历冲突，在他看来，凡事都能达成共识，何必非要争执冲突。那是因为他有“喜欢和谐和睦”这一特点 / 天赋，就像莎莎一样。

有的人，做事讲究精益求精，追求结果最大化。为达到这样的效果，可以反复修改上百遍，反复打磨到极致。那是因为他有“追求卓越”这一特点 / 天赋。

有的人，充满内驱力，每天从早到晚地忙碌，每天都要创造有形结果，要把自己的“待做清单”全部打上钩才能睡觉。身边的人可能会用工作狂来描述他。那是因为他有“想要完成”这一特点 / 天赋。

有的人，充满好奇心，每当看到有趣的事物或知识，都想了解一下，喜欢参加各类课程学习班，完美展示了什么叫活到老学到老，那是因为他有“充满好奇心和求知欲”这一特点 / 天赋。

有的人，对他人的情绪状态非常敏锐，他的头顶上像是装了一部情绪雷达，能够敏锐地感知到他人的情绪变化，有与生俱来的超强同理心。那是因为他有“同理心”这一特点 / 天赋。

这些，就是我们每个人身上自然而然、反复发生的思维模式、感受与行为方式，也就是我们每个人都有的，但却不一样的特点 / 天赋。

那么，我们身上的特点在什么情况下会表现为优点，在什么情况下又会表现为缺点呢？

对这个问题，我有三个方面的思考。

第一，你对某个特点的使用感受，会决定它是优点还是缺点。

每个特点都是一体两面，既有好的一面，也有不好的一面。当你感受到这个特点“好的一面”时，你往往会觉得它是优点，当你感受到它“不好的一面”时，又会觉得它是彻头彻尾的缺点。

比如“充满好奇心和求知欲”这一特点，它会为你带来对新知识、新理论的渴望和好奇；也会让你难以持续专注于某一特定领域取得应有的成就。

因为充满好奇心和求知欲，所以你会不断学习新知识新理论；同时，也正是因为充满好奇心和求知欲，你才很难在一个领域内持续深耕，因为你很快就会被别的领域吸引。你的这些行为和感受都由“充满好奇心和求知欲”的特点带来。前者是这个特点“好的一面”，后者是这个特点“不好的一面”。

当你感受并认可这个特点带来的“好的一面”时，你会认为它是自己的优点；相反，当你感受到这个特点带来的“不好的一面”时，你可能就会说：“它是我的一个缺点，因为它，我无法专注于某个领域，无法在某件事上取得一定的深度和专业度。”

所以说，你使用某个特点的感受，会决定它在你心里究竟是优点还是缺点。

第二，你对这个特点的使用场合，也会决定它是优点还是缺点。

如果你要做的某件事正好能够很好地发挥你身上某个特点中“好的一面”，你就会觉得它很有价值，认为它是优点。

以 Tom 为例。

如果 Tom 的工作是“风险控制”，而他刚好具备“小心谨慎”的特点，在工作中就会感觉如鱼得水，因为他比其他人都更容易注意到项目中隐藏的风险。

但是，如果 Tom 的工作是“对项目进行快速迭代”，也就无须考虑过多风险，先做了看结果再说，那么他“小心谨慎”的特点就会让他难以行动起来，没有办法做到快速迭代。这时，他就会觉得自己有“犹犹豫豫，瞻前顾后”的缺点，想除之而后快。

可见，我们使用某个特点的场合，也会决定它究竟是优点还是缺点。

第三，你使用这个特点的方式，也会决定它是优点还是缺点。

每个特点都有好的一面，但是如果你把“好的一面”用过头了，它也会成为“缺点”。这就是古人说的“过犹不及”。

如果 Tom 把“小心谨慎”的特点用在生活和工作中的所有事务上，包括吃饭点餐、购买日用百货等，你猜结果会怎么样?

这时的他，会因为在很多小事上前思后想、犹犹豫豫而浪费过多的时间和精力，无法把时间和精力拿去做更重要的事，获得更重要的成就。“小心谨慎”就成了他的缺点，阻碍他的成功。

但是，如果 Tom 把“小心谨慎”的特点用在比较大的事情或比较大的决策上，他可能会品尝到它带来的好处——规避每一次风险，从而做出更优决策。

可见，我们使用自己特点的方式（适当使用还是过度使用），也会决定这个特点表现为优点还是表现为缺点。

一个身为企业家的学员跟我讲了他一直以来的困扰：他觉得他的高管团队不够优秀，每位高管都有问题和缺点。他一直盯着他们的问题和缺点，认为他们都不够好，于是持续向他们施压，希望他们尽快做出调整和改变，不料却导致高管们陆续离职。

我建议他给高管团队做一次“把特点/天赋打造成优势”的工作坊。

在这个为期两天的工作坊里，这位企业家看到了每位高管的特点/天赋。原来，他觉得财务副总裁的缺点是“太强势了”，跟其他部门同事的沟通让人很不舒服，他听到了很多关于她的负面反馈，多次让她调整行为方式。

但在工作坊的学习和练习中，他发现正是“强势”的缺点，使财务副总裁得以推动企业成本缩减的变革顺利完成。当时，这位企业家想缩减整个公司的成本，并把这一任务交给了财务副总裁。财务副总裁在制定了方案后，和各个部门负责人进行了一轮沟通，发现大家有各种各样的反对理由。分歧太多，想在规定时间内达成共识毫无可能。在这种情况下，其他人可能就放弃了，但这位财务副总裁没有放弃，她接纳了其中一些意见，但并未对方案进行大的调整，然后就力排众议地将其推行了下去。结果，这次变革非常成功，不仅成功化解了因成本过高而裁员的风险，还帮公司节约了不少不必要的开支，提升了利润。

这时，这位企业家对财务副总裁的“强势”特点就有了更深入的理解，并把“强势”这个略带贬义的词改成了“统率”这个中性词。当她过度运用自己“统率”的特点 / 天赋时，的确会引发其他部门的不满，但与此同时，这个特点也让她拥有了力排众议、勇往直前的勇气和能力。

在这个过程中，这位企业家也看到了自己的特点 / 天赋。此前，他觉得自己总是关注别人身上的问题，觉得这个人不行，那个人不行。平时大家也说他：从来都不表扬人，不论是对下属和员工，还是对家人，都是批评居多。为此，他觉得自己有个很明显的缺点——为人消极。

工作坊结束后，这位企业家忽然意识到，“为人消极”也是他的优点所在——他总能及时发现问题，会不断想办法解决问题，优化工作方法。就像这次的工作坊，也是因为他在带团队时发现了问题，寻找到的解决方法。在创业和公司发展过程中，他也是如此，总能看到别人看不到的问题，不断改进、优化大家的工作方法，正因为这样，他的公司才越做越大。

根据这些发现，他分别为自己和高管团队成员制定了一系列的调整措施。比如，他对财务副总裁做出的调整是：组织变革相关的事情都由她负责，她力排众议、勇往直前的勇气和能力能够让这些事完成得非常好。同时也向她指出，在与其他部门进行沟通时，要注意表达方式，要学会用更柔和的方式表达自己的观点，这样不仅能照顾别人的情绪，也能减少摩擦、提升合作的效率。

他对自己也做了一些调整，包括：抓大放小，抓主要问题，聚焦式解决；同时放过那些小问题，以节约时间和精力。此外，还要有意识地多给团队成员和家人一些肯定、赞美和表扬，每周至少要给高管团队的每位成员和每个家人一个肯定、表扬或赞美。

做完这些调整，这位企业家发现自己的团队更有凝聚力、更加高效，工作成果也更令人满意了。

我们身上的每个特点，都有“好的一面”和“不好的一面”。对“好的一面”，我们要看见、发扬、发展，把它们变成自己的“差异化竞争优势”。比如我，我有“爱思考”的特点 / 天赋，经过持续多年的努力，我将它发展成自己的差异化竞争优势——始终能够做出深度思考和升维思考。同时，对自己特点中“不好的一面”，我们要看见，管理、调整，让它不再成为我们外在成功的阻碍或内心痛苦的根源。

Tom“小心谨慎”的特点“不好的一面”是瞻前顾后、犹犹豫豫，莎莎“喜欢和谐和睦”的特点“不好的一面”是惧怕冲突、有些软弱。之前，这些“不好的一面”都对他们的工作和生活造成了很大的困扰。但是，当他们理解了自己特点的两个面向后，就开始有意识地管理和调整它们。这样一来，这些“缺点”就不再是他们外在成功的阻碍及内心痛苦的根源了。

对团队来说，我们要做的是让每一个人在团队中做与他的特点/天赋最匹配的事，最大程度发挥他特点/天赋中“好的一面”，同时通过让团队成员之间形成特点/天赋上的互补，弥补每个人特点/天赋中“不好的一面”，从而让整个团队发展成相对完美的团队。

因为，个人无须完美，但团队需要；团队无须完美，但公司需要。

最后，我想说的是：人，没有优缺点，只有特点。

所谓缺点与优点，其实是对一个特点的不同的表达方式。当我们用“二元对立”的心智模式去看它们，看到的是需要被铲除的缺点，并由此产生一系列内在冲突和自我否定；而如果我们从“既是缺点，也是优点”的角度去看它们，就会看到自己的独特性，把“好的一面”发挥好，把“不好的一面”管理起来，进而获得外在的成功与内在的自得。

第2节　看待自己：是负面情绪，也是深层需求

我们总是把自己和别人的行为分为正面的和负面的两种。对负面的行为，我们强烈排斥；对正面的行为，我们给予肯定。但其

实，负面行为的背后，往往隐藏着正面的需求。

就像“拖延症”的背后，往往存在着“做到完美”的正面需求——做到完美虽然不符合客观规律，因为在这个世界没有什么是绝对完美的，但它的确是一种正面需求，它是向好的。

所以，当我们为自己和别人的负面行为感到懊恼、厌恶、愤怒时，可以去想一想这个负面行为背后还隐藏着怎样的正面需求。如果能找到这个正面需求，我们就能把负面的行为转变为正面的行为。

对拖延症患者而言，既然知道了拖延背后未被满足的需求可能是想把事情做完美，就可以给自己重新规划完美的“标准”。比如：之前 100 分才算完美，现在就可以把完美的标准降到 80 分。这样一来，就能比较轻松地达成标准，不会拖延了。

不仅是行为，我们的情绪也被划分成了正面情绪和负面情绪两种。我们排斥负面情绪，希望自己没有负面情绪，永远都处在正面情绪中。**但其实，每个负面情绪背后都隐藏着未被满足的正面的深层需求。**

来访者小悦跟我说，每当别人否定她、质疑她、瞧不起她时，她都会特别生气，觉得胸腔特别胀，就像快要爆炸的气球。

于是，我引导她去探索她生气的背后没有表达出来的正向需求。我先邀请她把手轻放在“特别胀”、快要爆炸的胸腔上，然后邀请她向自己快要爆炸的胸腔表达感谢，并问问它：“你想向我传递什么信息？”

这时，身体想要表达的信息传了过来：“我不要再受这种委屈了，我要表达出来。”

我引导她对这条信息进行层层梳理，最后我们找到了隐藏在这种情绪与身体感受背后的那个未被满足的深层需求——**我需要被接纳，我需要被尊重**。

随后，她看到了当这份深层需求被满足时的画面：“在一个有落地窗的房子里，阳光照进来，我在做瑜伽和冥想。我穿着淡粉色的运动内衣，灰色瑜伽裤，我的表情很自信、很平和，我很开心。”

我问：“如果这时画面中的小悦看到了现在的你，她会跟你说什么呢？”

她说：“她跟我说，你要坚定自己的选择，想做什么就坚持下去。我就是我，我现在就很好，我的自我价值不需要靠外在成就来决定。我现在就很好，把握好当下，我喜欢尊重自己，我不需要依靠外界。”

最初，她来找我时，带着的是气愤的情绪。她想让这个负面情绪消失，同时希望以后不会再因为别人的否定、质疑、瞧不起自己而气愤。

但是，随着我们对这股情绪的深入探索，她发现原来在自己的气愤情绪背后，还隐藏着自己未被满足的深层需求——自己需要被接纳、需要被尊重。而这个未被满足的深层需求，才是导致自己的气愤情绪一再出现的根源。

通过对话，她完成了情绪“由负转正”的转换，气愤消失了，胸腔不胀了，取而代之的是极度的自在，以及美妙的完整感。

后来，她告诉我，在一对一教练辅导后，她发生了非常大的变化：她的脾气好了很多，在看待世界、他人和自己时都有了与之前完全不同的感受。

我一直觉得，隐藏在我们内心深处的正向需求就像一个嘴巴很笨的小孩，他无法用清晰直接的方式表达自己的想法，只能找“行为”和“情绪”充当“信使”，借由它们去表达。

可惜，这种方法常让我们非常受伤，因为“信使”在表达时会采用负面的表达方式，把自己的深层渴望和需求表达为“我生气”“我焦虑”等负面情绪，或者付诸“我就不做这个”“我就要做那个”的负面行为。

当正面的渴望、需求、动机和意图被行为和情绪用负面方式表达出来时，我们不但看不到自己的深层需求，还会陷入负面情绪和行为中。

怎么办呢？

我想先问大家一个问题：“如果有信使为你送信，你会怎样对待他？”

我想你一定会感谢他，然后接过信件，打开信封，仔细阅读这封信件上所写的内容，真诚地接受它。**其实，这也是对待负面行**

为或负面情绪的正确方式：首先要感谢它“送信”，然后打开“信封”，仔细阅读内容，真诚地接受它。

仔细阅读“信件”的内容并真诚地接受它，你就能看到自己那些未被满足的深层需求。这时，既然信息已经传达，“信使”自然就会离开。

由此可见，负面情绪之所以无法消退，负面行为之所以无法改正，从本质来说，都是因为我们没能看到隐藏其后的深层需求。而一旦看到这些需求，并满足了它们，以前那些常常出现的负面情绪和负面行为就会消失不见。与此同时，因为看见并满足了自己的深层需求，我们也会越来越完整、越来越合一。

就像来访者小悦，她的深层需求是“我需要被接纳，我需要被尊重”，传递这个深层需求的“信使”是愤怒的情绪。以前，她总会接到“信使”的信，总会感受到自己的愤怒，但是因为排斥“信使”，即排斥愤怒，她始终不能打开“信件”，更不会阅读里面的内容，不知道隐藏在“信件”中的重要信息——我有一个“需要被接纳，需要被尊重”的深层需求。在后来的教练对话中，我引导她接纳了“信使”，对“信使”表示感谢，然后打开了“信件”，阅读内容，使她看到自己“需要被接纳，需要被尊重”的深层需求。“信使”送“信”成功，转身离去。所以在教练对话后，小悦的愤怒情绪消失得一干二净，脾气也好了很多，在看世界、看他人和看自己时也有了与之前完全不同的感受。

正如荣格所说："我情愿是完整的，也不愿是完美的。"当你体会过自我的完整，就会觉得人世间最极致的满足也不外如是。透过表层的负面行为和负面情绪，看到并满足自己的深层需求，就是获得完整自我的路径之一。

你的负面行为或负面情绪，与你未被满足的深层需求，本来就是同一件事的不同表达。当你用"二元对立"的心智模式去看它，看到的是需要被铲除的负面行为与负面情绪，并由此产生了一系列排斥、冲突和自我否定；相反，当你从"既是负面行为和负面情绪，也是深层需求"的视角去看它，看到的是"信使"在传递正面信息，通过接收信息，你能获得越来越完整合一的内在自我。

第3节 看待他人：灰度哲学观

在职场生涯中，我曾遇到这样一位管理者。

如果她觉得某位下属表现优秀，就会对其委以重任，给予非常热烈的赞赏，但如果这个下属有一两件事没做好，她就会即刻将其打入"十八层地狱"。她用这种方式对待过不止一位下属，要么捧上天，要么摔在地。

有一位原本非常受她喜爱的下属，因某个季度业绩未能达标，便遭到了她的辞退。

在之后很多年里，这位下属发展得都不尽如人意。每次聊天，她总会说这位管理者对她态度的反差，然后像祥林嫂那样问大家：“她为什么会那样对我？以前每次部门会议时她都表扬我，后来我遇到了困难，没能达成业绩，她就不再给我任何机会，在很短时间内辞退了我。被她辞退后，我一直觉得自己是个彻头彻尾的失败者。”

那位管理者，职位虽然很高，但心智成熟度却非常低。

为什么？

因为她一直在用“非好即坏”的视角看待每一个人。因此，团队里的人在她眼里要么好、要么坏，从来没有中间地带。好的，就给予热烈的表扬；坏的，就立即辞退。**这就是从她的心智模式所衍生出的行为方式。**

作为一名管理者，她这样做的后果当然非常严重：一方面，这种心智模式让她无法成为一名卓越的管理者，可以说连及格都谈不上；另一方面，她在不知不觉间伤害了团队里的每一个人，最后有人恢复了，也有人一直没能走出来。

这就是“二元对立”型心智模式所导致的典型问题。在这种心智模式中，人只能被分为“好人”与“坏人”，或是“优秀者”与“不合格者”，没有任何中间地带。

但我们都知道，任何人都不是一个点，也不是一条线或一个面，而是一个体，一个非常复杂的体。我们每个人都有很多不一样的维度，以及很多不一样的特点。这些特点又包含着各种各样的矛盾和冲突。

所以，这种“一刀切”的“非黑即白”“非好即坏”的看待人的方式不仅极其幼稚，而且极易伤人。

用“灰度哲学观”看人，实际上就是让我们用更符合客观真实的视角去看待每个人身上的复杂人性，不论他是伟大的还是平凡的，勇敢的还是软弱的，在他的身上始终都有着人的弱点、人的优点，同时也有着各种不为人知的痛苦、脆弱和阴暗面。

深刻认识到这一点，我们的心智便开始走向真正的成熟。这时，我们不再用“好人”或“坏人”去评价一个人，也不再用“优秀的人”或“糟糕的人”去评价一个人，相反，我们能够看到好与坏，优秀与糟糕之间的“中间地带”。因此，我们允许一个人既有好的一面，也有不那么好的一面。

其实，“灰度哲学观”对我们自己也同样适用。在我们自己身上，也是既有好的一面，也有不好的一面；既有善良的一面，也有阴暗的一面。我们既可以是大度的，也可以是小气的；既可以是宽广的，也可以是狭隘的；既可以是勇敢的，也可以是软弱的；既可以是无私的，也可以是自私的；既可以是坚韧的，也可以是脆弱的；既可以是乐观的，也可以是悲观的……

明白这一点，你会感到由衷的轻松——原来我不必是完美的，原来我也不可能成为完美的。我们会从狭窄的“二元对立”，走向更为广阔的“灰度哲学观”，拥有更成熟的心智模式。在这个心智模式中，我们的世界变大了，我们的胸怀也开阔了。

第 4 节　看待事情：相互转化观

人用“二元对立”的心智模式看事情，就会很容易得出“这件事要么是好事，要么是坏事”的结论。但是，心智成熟度更高的人的观点却正好相反。

比如老子，他说：“祸兮，福之所倚，福兮，祸之所伏。”意思是：福与祸之间是会相互转化的。

为什么呢？

关于这一点，韩非子给出的解释是：“人有祸，则心畏恐；心畏恐，则行端直；行端直，则思虑熟；思虑熟，则得事理。人有福，则富贵至；富贵至，则衣食美；衣食美，则骄心生；骄心生，则行邪僻而动弃理。”

通过这一解释，我们可以看到福与祸之间相互转化的原因——人的心理状态的改变，促成了一系列转化的发生。

这个解释很有道理，但还未能触达本质。

这里还有一个非常重要的底层逻辑：世界的本质特性是变化与运动，世界始终在运动和变化中，所以转化一直都在发生。只是在很多情况下，我们察觉不到而以为转化并不存在。

所以，如果把一件事放到足够长的时间段或足够大的空间里，就一定能看到转化。就像塞翁失马的故事：**短时间看，好事就是好事，坏事就是坏事。但是，一旦把时间拉长、空间变大，好事可能**

会变成坏事，而坏事可能会变成好事。

中国传统文化隐藏着很多这样的智慧。比如：“亢龙有悔”的成语，说的是一个人已经达到了最高处，所以务必戒骄戒躁，修身养性。如果妄自尊大，无法无天，就会做出令他万分后悔的事。这就是转化，人处在最高处时，下一步往往就要向不好的状态转化，所以一定要修身养性，戒骄戒躁，否则后果不堪设想。

再比如，“否极泰来”这个成语，它蕴藏的意思是：事情坏到极点就要向好的方向转化了。

同样，幸福与它的对立面也是不可分割的，我们的幸福和不幸是一个整体，只是时间的幻象把它们分开了而已。昨天的幸福和快乐，在后天也许就会成为不幸福和不快乐，二者不断转换。痛苦，正是欢乐不可分割的对立面，这个对立面或早或晚都会显化出来。

如果看向自然，我们就会发现，这些“道”蕴含在自然之中——月亮圆了就会缺，缺了会再圆；潮水涨了就会退，退了会再涨。盈与缺不是对立的，而是月亮的两面，相互转化、无分彼此；涨与退也不是对立的，而是海水的两面，相互转化、无分彼此。

这就是比“二元对立”心智模式有着更高成熟度的“相互转化观”。在“二元对立”的心智模式下，一件事要么坏、要么好，所以当事人要么倒霉、要么幸运，总之它永远都只能表现为矛盾中的一极。这当然是最简单的，同时也是心智尚未成熟的儿童们最喜欢的。

但是，如果我们能够理解事物之间的相互转化，能够想到眼前特别不好的事情，也许以后会转化为好事，我们就拥有了心智模式的最高水平——相互转化观，我们的心智也就达到了成熟。正如成人发展大师罗伯特·凯根说的："如果一个人能够看到两极间的相互转化，那么他就已经达到了心智模式的最高水平。"

我们用"二元对立"的心智模式看待事情，看到要么是不想要的"坏事"，要么是很想要的"好事"，遇到坏事时会痛苦，得不到好事时也会烦恼。然而，如果我们运用"相互转化观"看待事情，看到的是好事中蕴含着坏事，坏事中也蕴含着好事。长此以往，我们的心境会越来越平和，痛苦和烦恼也会越来越少。

当然，在心中存放两种完全相反的观念，不让它们彼此对立、互相排斥，势必需要拥有足够宽广的心胸和足够高远的见识。作为一个成年人，我们需要觉察自己时常涌起的想否定难以接受的矛盾事物的冲动，然后去接纳相反的两面。否则，我们可能会活得舒服简单，但却变得越来越肤浅，越来越粗暴。

这个过程当然会让人不适，却是成熟必不可少的条件。刻板地思考和处理问题，一直停留在非此即彼的"二元对立"中，是一种幼稚的表现，只会让我们在人生路上停滞不前。

最后，我想送给你一首鲁米的诗：

"在对和错的观念之外还有一个所在。我会在那里与你相遇。当灵魂在那里的草地上躺下，世界就满溢得都没法谈论。观念、语言，甚至彼此这个词，都没有任何意义。”

第 5 节　看待选择：你永远都有选择

一位学员给我出了一个非常棘手的难题，他的原话是这样的：

“我恨我的父母，我想远离他们。但我一毕业就被我爸拉回家了，因为他们想让我接管家里的工厂。我一直在找机会一走了之，结果今天，我父亲突然生病住进了医院。您能理解我有多绝望吗？我现在既不能走，也不想留。我没得选！您说我该怎么办啊？”

如果是你，你会怎么做呢？选择“留下”还是“离开”？只要稍微代入一下，就能感受到他的绝望了。

这位学员的问题之所以棘手，关键在于这两个选择都不是他想要的。如果留下，就意味着他得继续忍受痛苦；如果离开，他又受不了来自道德和责任的压力。表面上看，他有两个选择，但从真实感受来说，他毫无选择，所以非常绝望。

这种“没得选”的情况，也时常出现在我们自己的人生里。

比如，面对不喜欢的工作，你只看到两个选择——要么辞职，要么继续忍耐着干；在面对工作中的问题时，你也只能看到两个选择——要么问老板，要么自己死磕；在面对与同事的矛盾时，你也只能想到两种选择——要么爆发出来，跟他吵，要么默默忍受。

但是，客观来看，我们真的只有“非此即彼”，“要么选择 A，要么选择B”的对立选项吗？

当然不是。

很多年前，只要回到上海，我就非常压抑、焦虑不安。我尝试着到附近山林小住几天，调节心绪，说来奇怪，每次一到山林，我就会完完全全的放松下来，睡得好，吃得香，身心状态都特别好。

所以那几年，我一直觉得终有一日自己得归隐山林。那时的我相信只有这样做，才能获得最终的宁静与自在；相反，如果一直在城市待着，我就只能继续焦虑不安。于是，两个完全对立的选项就产生了：要么归隐山林获得宁静；要么待在城市里继续焦虑。

这种“要么A，要么B”的念头在我心里持续了好几年，让我无从选择。一方面，我没办法放下一切说走就走，因为我需要工作，需要赚钱，但是那种焦虑和压力，以及对大自然的渴望，又如影随形，让我很想逃离。我找不到答案，我感觉自己被什么卡住了。

这两种方式都让我无法接受。这时，我需要的是寻找选项C。

可是，如何才能找到选项C呢？

在这里，我为大家提供一个方法：先思考两个问题。假如选项A中有选项B的元素，会是什么样子？假如选项B中有选项A的元素，又会是什么样子？

第一个思考：假如选项A中有选项B的元素，会是什么样子？

就我的问题而言，假如在选项 A（生活在钢筋水泥的城市里）中，有一些选项 B 的元素（自然），会是什么样？

我想到家里可以有绿植、盆景，可以有枯山水，也可以有鱼缸以及各种石头和流水器。或者，如果我能住进一个有院子的房子，就有机会增加很多自然的元素，比如树木、花草、石头、水池，甚至修建一个迷你的中式园林。又或者，如果我每周都能去上海周边的植物园、森林公园或园林里去看植物和花草。那么，我就等于是在选项 A 中添加了选项 B 的元素。

注意：在思考这个问题时，你要大胆地想、尽情地想、头脑风暴地想，不要给自己设置任何限制，也不要考虑能否实现。

第二个思考：假如选项 B 中有选项 A 的元素，那会是什么样子？

假如在我的选项 B（生活在山林）中，有一些选项 A 的元素（工作和赚钱），那会是什么样的呢？

我可以在附近的山里或乡下买或租个房子，把它改建成民宿，这样就能一边享受与大自然紧密接触的感觉，一边赚钱生活。或者，我可以换个工作，加入一个与旅行、探索自然有关的工作团体，这样就可以有时待在上海家里，有时外出探索自然。

全面思考了这样两个问题后，我从多个可能性中，找出了我最喜欢，也比较可行的方案——买一个带院子的房子，把院子改建成迷你中式园林或日式枯山水，这就是我的“选项 C”。

就这样，这个让我纠结许久的两难选择，终于有了答案。

我的一位朋友是一名翻译，她想转型做心理咨询师。但由于她没有系统学习过这一专业，她就只有两个选项：选项A是继续做现在的翻译工作；选项B是辞职，全力备考心理学研究生，毕业后从事心理咨询工作。

但是，这两个选项都不是她想要的。一方面，她不想一直当翻译；另一方面，辞职备考心理学研究生，让她毫无安全感。于是，她找到了我，希望我能帮帮她。

我问她："假如在翻译工作中添加一些心理咨询或备考心理学硕士的内容，会是什么样？"

她想了想说："我可以在工作之余，学习心理学知识，备考心理学硕士。也可以找个心理咨询师给我做咨询，从咨询中学习和体会。当然，我也可以把这两种方法结合在一起。"

我接着问："假如在做心理咨询或备考心理学研究生中添加一些翻译工作的内容，会是什么样？"

她想了好一会儿后道："我可以去做专业心理学书籍的翻译工作，或是去做外国心理学课程的口译，这样我就能从我的工作中直接学习心理学知识，同时还能继续赚钱。"

我点了点头："那么现在，请你从所有可能性中，找一个最喜欢，同时也比较可行的方案，它就是你的'选项C'。当然，你也可以对刚才说到的多个可能性进行综合性思考，然后找到综合性的选项C。"

最后，她确定了自己的选项C——第一阶段：换工作，把主业换成专业心理学书籍的翻译工作，业余时间复习考研科目，用2～3年时间考上心理学研究生；第二阶段：考研成功后，主攻心理学专业，业余做心理学课程或书籍的兼职翻译，赚取生活费和学费，并提升心理学素养。

后来，她只用了2年时间就考上了香港大学的心理学专业研究生。在读研期间，她又接到了一些与心理学密切相关的课程口译和图书翻译工作。这让她不仅赚到了足够的学费和生活费，提升了对心理学专业的理解和认知，还结识了一些心理学界有名的外籍学者。

这就是“选项C”的神奇力量，当我们从“非此即彼”“二元对立”的心智模式中走出去，就会发现这个世界不像以前那样狭窄，而是非常广阔和自由。

正如那句著名的话所说：“如果你只会一种做事的方法，那么你就与机器人无异。如果你只有两种做事的方法，那你就会陷入两难的境地。如果你想真正拥有灵活性，那你必须至少掌握三种做事的方法。”

伊萨多·夏普大学毕业后，在父亲的建筑公司工作过一段时间，他为客户建造了一家小型汽车旅馆，由此有了抱负，想建造和运营属于自己的旅馆。6年后，他最终从朋友和家人那里募集到了资金。

那时，他有两个选择。一个选择是建小型汽车旅馆，它的私密度和舒适度都很好，但因为只有125个房间，收入很难抵消修建商务客人看重的便利设施（如健身设施、会议室、餐厅）的成本；另一个选择是建大型传统酒店，这类酒店能够满足客人的所有需求，但 1600 个房间又太多，不能像汽车旅馆那样为客人提供温馨的私密体验。

这两种类型的酒店在风格上有着不可调和的冲突，客人要么选择私密而舒适的小型汽车旅馆，要么选择位置更便利、设施更齐全的大型传统酒店，似乎永远无法兼得。

夏普渐渐发现自己对这两种主流模式都越来越失望，于是另辟蹊径，他没有在两种类型中做出选择，而是通过在选项 A 和 B 的基础上创造选项 C，创建了一种新式酒店。这种酒店既有小型汽车旅馆的私密性，又有大型传统酒店的便利性。

最终，伊萨多·夏普创建了全球最成功的豪华酒店连锁企业——四季酒店度假集团。

这一切，就像宝洁公司前 CEO 雷富礼说的：“如果你总是在做选择题，那么你就不会获得成功。”

之前，我们觉得自己没有可选项，为什么现在又有了？

原因就在于：一开始，我们把选项 A 和选项 B 当成彼此对立的两个选项，将一根泾渭分明的线画在它们中间，作为它们无法逾越的界限。但这条线是我们自己画上的，也可以被我们模糊掉、擦掉，把选项 A 和选项 B 打乱混在一起，重新组合，形成新的选项 C。

这时，我们就有了可选项。

那么，在选项C之外，是否还有其他选项呢？比如：在“要么归隐山林，要么留在城市打拼”的两难选择外，是否还存在其他多种选项呢？

的确还有选项D。以下，就是我针对这个两难情况，寻找选项D的过程。

首先，我问了自己一个问题：“‘要么归隐山林，要么留在城市打拼’这个选择对你来说为什么很重要？”

我思考了很久才给出答案：内在的安宁和自在对我来说最为重要。我在城市里，因为环境、工作压力以及持续不断的内卷，内心充满冲突、纠结、痛苦。我不想要这些冲突、纠结、痛苦，我想要内在的安宁和自在。

然后，我又问了自己一个问题：“除了隐居山林，还有什么方法能够让你获得内在的安宁和自在呢？”

顺着这个问题，我找到了最终的答案——练习获得内心安宁的方法。

如果我的内心是安宁的、自在的，那么无论我身在何方，都一样能够感受到身居山林时的安宁和自在。所以，问题的关键不在于我所处的环境，而在于我自己的心灵状态。

于是，在那之后的几年里，通过阅读、体悟和思考，我不断寻找让自己内心安宁的方法。慢慢地，不安、焦虑和不自由的感觉越来越少，我的内心越来越稳定、越来越自由，也越来越通达。

这让我最终意识到，“要么退隐山林，要么留在大城市打拼”的两难选择其实只是我的执念。对现在的我来说，心中有山林，则处处是山林。

可见，进行持续的自我成长与自我滋养，获得安宁自由的心，才是解决这个两难问题的根本答案，这个答案就是选项 D。

可以看到，我找到选项 D 的方法是：抛开两个对立选项，通过层层深入提问，开放性地探讨“你想要的到底是什么？”，找到直击本质的选项 D。

其实，无论是前面所讲的找到选项 C 的方法，还是现在所说的找到选项 D 的方法，都是要打破选项 A 和选项 B 的二元对立。在二元对立中，我们的选项只有两个：要么 A，要么 B，它们彼此不相容，我们可以选择的空间就只有整个空间的一半——要么待在 A 空间，要么待在 B 空间，非常狭窄。但是，当二元对立被打破后，我们就走出了或 A 或 B 的狭小空间，走向了更广阔的空间。这就是广度上的延展和拓宽。

所以我才会说“你永远都有选择”。在现实中，如果遇到那种无论怎样努力都无法创造出选项 C 的情况，你依然有路可走，这时你可以用我在这里教给你的“透过现象看本质”的方法找到选项 D，收获喜悦与满足。

是的，你永远都有选择。

“广度篇”复盘：四大收获

收获一：解除了“你应该……”的封印。

“你应该……”这句“咒语”对我们形成了深刻持久且难以被觉察的影响。

（明确说出的“你应该”+没有明确说出的“你应该”）× 持续不断的内化 = 深刻持久且难以被觉察的影响

这种影响是深刻持久且难以被觉察的，它对我们的影响是“润物细无声”的，具体来说，其影响主要有三个方面。

第一，让你不知道自己的梦想、追求或人生目标究竟是不是自己的，它很可能是别人的或是社会主流价值观的；第二，让你不知道自己所做的决策和选择是否就是自己想做的，你很可能只是在遵从别人的要求和期待；第三，让你不知道自己内在的声音究竟是来自真实自我，还是来自他人或社会主流价值观。

积年累月之下，我们最终与自己内在的真实自我彻底失联，真实自我被“你应该……”所拘囿。我们以为过的是自己的人生，到头来却发现，自己不过是扮演了别人期望和要求的角色，活成了他人的替身和影子。

为什么会这样？

主要有四个原因：有条件的积极关注、安全感的缺乏、总想被别人喜爱，以及害怕为自己的选择负责。

事实上，我们每个人在成长过程中，始终面对两条不同的路：一条是后退的路，为了获得十足的安全感，通过顺从于“你应该……”，退回“母体”，成为“应该的我”，从而放弃个体的独立和自由；另一条是前进的路，为了获得个体的独立和自由，放弃对安全感的执着，转而去发展内心的力量和创造力，不断完善自我人格，最终成为既独特又完整的自我。

我们当然要选择前进的路，但是又该如何做呢？对此，我给出了三个建议：第一，放下对安全感的过度执着；第二，承担起自己的责任；第三，更多地回归真实自我，聆听来自真实自我的声音。

打破这个封印，会让我们活出自己的人生，而不再扮演别人期望和要求的角色，不再活成他人的替身和影子。

收获二：解除了思维边界的封印。

思维边界，说的是我们对人、事所做的各种不真实、不客观，并能将我们束缚住的思维假设。这种思维假设往往是我们意识不到的，但它却会阻碍我们实现目标，会让我们不时地陷入痛苦，并将我们牢牢困住。

思维边界形成的原因主要有五个：原生家庭的影响、过往经历所形成的解释框架、集体的思维边界、偷渡而来的观念，以及强大的路径依赖。

思维边界一旦形成，就会被“路径依赖”不断强化，让我们难以逃脱，最终成为我们的“命运”。那么我们应该如何打破思维边界呢？

第一步，要清楚地知道思维边界真实存在，然后透过表面现象看到正在发生作用的思维边界；

第二步，检验某个思维假设是不是思维边界；

第三步，用一个更合理的想法去替代那个不合理的思维边界。

我们在工作和生活中遇到复杂问题，两难处境时，钻进“死胡同”里总是走不出来时，很可能是思维边界在发挥作用。这时，我们要去寻找、破除或转化这个把我们牢牢困住的思维边界。

打破这个封印，能让我们摆脱各种狭窄的空间和看不见的“绳索”，不再做思维边界和路径依赖的囚徒。

收获三：解除了游戏规则的封印。

这个世界上有两种游戏：有限游戏和无限游戏。

有限游戏以取胜为目的，无限游戏以延续游戏为目的。有限与无限的本质区别在于有无边界。有限游戏的参与者为了取胜，会在有限时间里给自己设定很多边界，同时主动放弃自己的一部分自由；无限游戏的参与者则会将时间拉长到一生，他们不以输赢为目的，而是主动延续着各种无限游戏，以达成根本自由的状态，他们的边界只有一个，那就是生命的终结。

大多数人正在过的人生，就是有限游戏的人生，他们以取胜为目的，参加了一场又一场的人生有限游戏，不断参与角逐，并把自己封印在了狭窄的空间内，失去了人生的更多可能性。

解除这种封印的方法有两个。一是把自己的人生从一场接一场

“以赢为目的”的有限游戏转变成多个“以继续玩游戏为目的”的无限游戏；二是学会用“无限游戏”的思维方式去面对无法改变的、既定的有限游戏。

对第一个方法，我们要做的是为自己的人生设计一些有趣的、没有边界的无限游戏。比如我为自己的人生设计的四个无限游戏是：阅读书籍；修习智慧；感受美与艺术；学会爱、践行爱。

对第二个方法，我们要做的是消除时空边界，并改变游戏规则，用无限游戏的思维方式去参与既定的有限游戏。

只有这样，我们才能从“卷也卷不赢，躺又躺不平”的两难境遇中，以及越来越狭窄的空间中走出来，体验人生的各种可能性。

收获四：走出二元对立的狭窄，获得更成熟的心智模式。

摆脱二元对立的思维方式，我们会收获更成熟的心智模式，走向更广阔的世界。

看待自己 在这种更成熟的心智模式下，你会意识到：（1）自己没有缺点和优点，只有特点。你需要管理的是自己特点中“不好的一面”，并对“好的一面”加以发挥和发展；（2）你平时表现出的负面行为和负面情绪，正是来自你内在的、未被满足的深层需求。所以，通过接纳自己的负面行为和负面情绪，看到隐藏其后的未被满足的深层需求，并通过满足这些需求，获得越来越完整合一的自我。

看待他人——灰度哲学观 在这种更成熟的心智模式下，你能客观看待每个人身上的复杂特性，不论他是伟大的还是平凡的，他的身上都会同时存在着人的弱点和人的优点，同时也有着各自不为人知的痛苦、脆弱与阴暗面。

看待事情——相互转化观 当我们运用“相互转化观”去看待事情时，会看到好事中蕴含着坏的要素，坏事中也蕴含着好的要素。长此以往，我们的心境就会变得越来越平和，我们的痛苦和烦恼也会变得越来越少。

看待选择——你永远都有选择 在这种更成熟的心智模式下，你面对的不是“要么 A，要么 B”的两难选择。而是既有选项 A，又有选项 B 的选项 C，甚至是抛开了两个对立选项，通过层层深入提问，开放性地讨论“你想要的到底是什么？”，找到直击本质的选项 D。

思考与践行

为了帮助大家更好地理解、掌握和践行我们在“广度篇”中所讲的内容，我为大家准备了两个问题。

第一个问题：你能想到的自己可能的思维边界有哪些？它们如何束缚着你？

第二个问题：从你身上找到一个令你深恶痛绝的“缺点”，看看它背后隐藏着怎样的优点？这个优点曾给你带来哪些好处？

长度篇：走出焦虑与不安

时间，既能打败一切，
也能成就一切，还能转化一切

| 第 8 章 |
长期主义：只有根扎得深，枝叶才会繁茂

为了茁壮成长，你必须先把你的根深深地穿进虚无之中，并且学会去面对你最寂寥的孤独。

——尼采

如果你做一件事，把眼光放到未来三年，和你同台竞技的人很多；但如果你的目光放到未来七年，那么可以和你竞争的人就很少了。

——贝佐斯

那些赚快钱的人逐渐会发现他的路越走越窄，坚持做长期事的人的路才会越走越宽。

——张磊

第 1 节　无限死循环：越着急，越焦虑，越挫败

有个来做一对一教练辅导的来访者给我留下很深的印象。辅导刚开始时，来访者就表现出了非常明显的焦虑。

随着对话深入，我发现她的焦虑都源于急着实现自己的财务目标，而她给自己定的财务目标又过于激进，于是她感到希望渺茫，陷入“迫切想要得到”与“无法立刻得到”的无限死循环中。

这个“无限死循环”给她的影响是：她时而觉得可以实现财务目标，非常拼命地工作，甚至累倒；时而又陷入“我不行，我没希望了”的无力和绝望，精神萎靡好几天才恢复。她的情绪和状态就像坐“过山车”。

她这样的情况，并不少见。

我在教授“从天赋/特点出发，打造你的差异化竞争优势”的某期小班课时，遇到一位学员。第一节课刚上完，她就在群里说：“我觉得这个课根本没用。”

我问：“你觉得什么是有用的？”

她说：“能够让我马上获得自己的差异化竞争优势，让我不再焦虑的课。”

我说：“上完一节课就能获得差异化竞争优势，你觉得符合现实吗？”

她想了想后说：“的确不符合。”

我说：“从你的话里，我感受到一种强烈的急迫感，同时，我还有一种感觉，你来上课，可能就是为了缓解和治疗你的焦虑。不知道我的这些感觉对吗？如果不对你可以纠正我。”

她说：“艾菲老师，你说得太对了。我特别着急，我平时对生活和工作都很着急，一遇到令我焦虑的问题，就想马上解决。现在也是这样，希望上了第一节课，马上就能获得改变生活和工作状态的方法。”

我说："那么，我想请你回顾一下，你每天大概有多少时间花费在这种着急和焦虑上呢？"

她想了想后说："至少有一小时，另外每天晚上睡觉前都是我最着急和最焦虑的时候，我常常因此睡不着。这样算，我每天焦虑的时间肯定不止一小时。"

于是我说："这是一个非常好的发现，假如你把消耗在焦虑和着急上的时间用于打造自己的差异化竞争优势，或用于看书学习，一年之后，会有什么结果呢？"

她沉默了。

在课程结束半年后，她在微信里跟我说，因为我最后的这个提问，她的人生发生了非常大的变化。

其实，我问她的那句话，也是我曾问自己的；她正在经历的，也是我曾经历的。我越来越意识到：一个人越是急功近利、缺乏耐心，情绪就越是焦躁不安、浮躁难耐，不论他想做什么，都很难做好，常常事与愿违。

为什么会这样呢？

这里有一个"增强回路"（见图 8-1），可以简单地把它理解成一个"无限死循环"：着急拿到想要的成果—急功近利、缺乏耐心—无法沉下心来做事—拿不到想要的成果—着急拿到想要的结果……

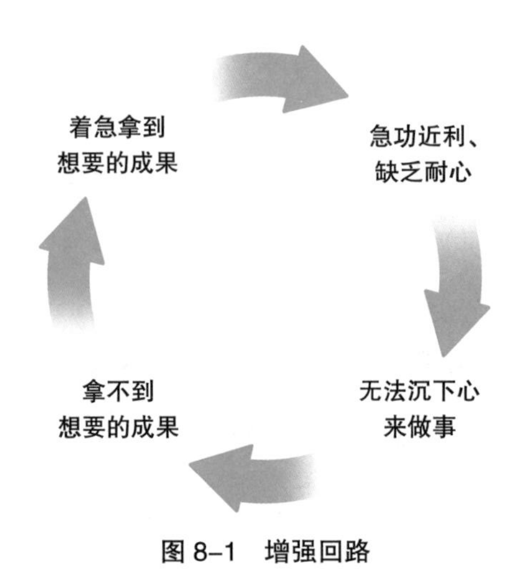

图 8–1 增强回路

从这个“增强回路”可以看出，对拿到成果的急切，会导致急功近利、缺乏耐心的心态，而急功近利、缺乏耐心的心态不仅不能带来成功，反而会让我们离成功越来越远。相反，在面对不易实现的目标时，如果能够保持足够的耐心，那么我们的做事效率就会提高，进而让实现目标的可能性大大增加。

可是，即便知道了急功近利、缺乏耐心的后果，想改变它，依然非常困难。

为什么？

第一个原因是人类本能。我在“高度篇”中已经谈过，人本能地有一种“自我保存”的倾向，而这个倾向又会给人带来四个非常重要的影响：厌恶风险，追求确定性；追求物质和财富；在意他人的看法，害怕被孤立，追求合群；与他人比较、竞争，追求成功。

那么，一个既追求确定性，又追求物质财富，同时还总与他人比较，追求成功的人，会有什么样的行为方式呢？

他一定会有急功近利的行为方式。

虽然我们现在所处的环境安全，资源富足，但百万年前的生存本能还是一刻不停地作用在我们的身上。

第二个原因是时代特点。我们身处发展迅速的时代，这使得有些人更追求“即时满足”，**即希望自己的需求和欲望能够立即被满足，就像按下一个按钮那么快。**

记得我小时候，要买东西只能去厂区的商店，而且商店里的商品种类很少，选择非常有限，如果买不到，就得等周末去更远的商店去买；而现在，就算晚上睡觉前忽然想买一个远在千里之外的东西，也能立刻在线下单，用不了几天就能收到。如果购买的商品过了三天还没收到，我肯定会迫不及待地去查看这个商品的物流情况——为什么还没有送到？记得读大学时，如果我需要查找资料，只能去图书馆一本本地翻书；而现在，只要在手机网页的搜索栏输入关键词，答案立刻就会展现在我的眼前。

就这样，在人类本能与时代特点的互相影响下，人们逐渐分成了两类。

第一类是“短线思维者”，他们想在最短时间内获得足够大的收益、成长和利润，他们是人群中的大多数。

第二类是“长期主义者”，他们不急于在当下获得足够大的收益、成长或利润，他们相信通过自己的长期努力，能在未来拥有更大的收益、成长或利润。所以，**他们愿意为了未来的枝繁叶茂，埋首于当下，认真踏实地种好那株根系深广的树。**

“短线思维者”可以被分为三种：机会主义者、速成主义者，以及犹豫的人（见图 8-2）。

机会主义者 它说的是那些一看到市场上有发财机会，就想大捞一笔、捞完就走的人。他们想轻松跳过“播种、施肥、浇水”的过程，直接收获花朵与果实。这类人面临的危险是：就算暴富了，在未来某一天也可能会重新失去财富。

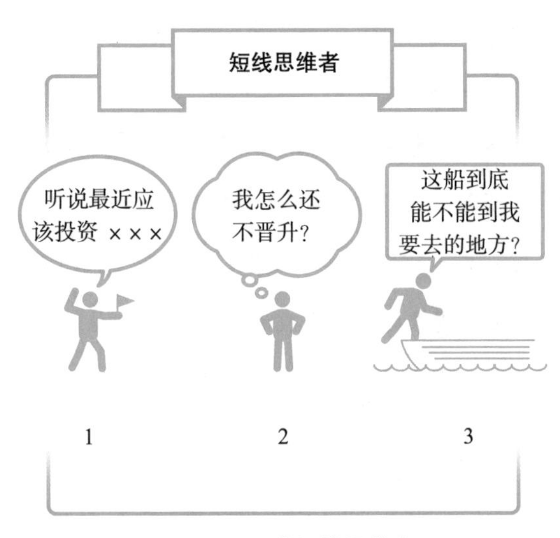

图 8-2 三种短线思维者

速成主义者 这类人总想在学完一门课后能力就突飞猛进，看完一本书就马上顿悟，工作一年后就升职，希望1年内完成5年的事。

很多年前的我，就是一个典型的速成主义者，总想快速实现升职加薪的目标，快速地获得成功和认可。那时的我总是心急火燎，每次公司内部有更高的职位空出来，我都会去申请，却忘了把自己正在做的工作做到极致、做到最好，才是我真正应该关注的事。

太想成功，是因为没有想过：一生很长，路应该一步一步地走，饭应该一口一口地吃。

犹豫的人　他们有点像想搭上某条船前往某处，却又担心这条船可能到不了自己想去的地方，于是就一脚踩在船上，一脚踩在码头上的人，他们是一直“凑合着”“等待着”“不确定地活着”的人。这类人既无法放弃想去某个地方，又无法下定决心乘船出发，于是就这么一直犹豫着。从本质来说，他们想要的是在短期内就能看到回报或承诺，一旦看不到回报或拿不到承诺，就会陷入长久的犹豫。所以，他们也是短线思维者。

这就是三类短线思维者的典型表现，这种思维模式会给他们带来两方面后果。一是无法全情投入当下、感受当下、享受当下；二是无法有效创造自己想要的未来。

如果不想做短线思维者，就要成为一名长期主义者，那么，有哪些类型的长期主义者呢？

第一类：投资的长期主义者

据说，Airbnb 的 CEO 布莱恩·切斯基和亚马逊的 CEO 贝佐斯聊天，谈到了他们共同的偶像巴菲特。

切斯基问贝佐斯：“你觉得巴菲特给过你的最好建议是什么？”

贝佐斯说：“有一次我问巴菲特，你的投资理念非常简单，为什么大家不直接复制你的做法呢？巴菲特说：‘因为没有人愿意慢慢地变富。’”

第一次看到这句话时，我有种脑袋被瞬间击中的感觉。

我们给自己的投资设立期限，往往希望每天都看到收益，希望在自己 30 岁或 40 岁时就赚到足够多的钱，但其实，据统计，即使是被人们称为股神的巴菲特，其 99.8% 的资产也是在他 50 岁后赚到的。

同样，即便我们都知道亚马逊是一家伟大的公司，它的股票从上市之初到 2018 年涨了 1000 倍。可是，如果你有机会在它上市之初，也就是 1997 年就购买到它的股票，你能像长期主义者那样，一直将它持有到 2018 年才卖掉吗？

基本不可能。

为什么？

原因很简单，因为它的价格并不是直线上涨的，而是在跌跌撞撞、起起落落后才上涨到后来的价格，其间甚至跌幅超过 99%。这中间跨越了 21 年，其股价的极速上涨只是 2011 年到 2018 年之间的事。

所以，即便我们知道了巴菲特的致富秘密，也不可能成为“巴菲特”，因为我们都不愿意“慢慢地变富”。

第二类：自我成长与专业精进的长期主义者

1929 年，纽约股市暴跌，由此引发了百年不遇的经济危机。这场危机迅速席卷了整个资本主义世界，公司破产、工厂倒闭。

在这场异常严重的经济危机中，约瑟夫·坎贝尔也没能找到工作。原本可以在哥伦比亚大学继续攻读博士学位的他，觉得单一学科会让人变得平庸而拒绝了读博机会。他带着自己的妹妹和朋友，隐居到了森林。

在森林里，他一待就是 5 年，这是既没有工作也没有收入的 5 年。换作一般人，在荒无人烟的森林，面对没有盼头的生活，物质严重匮乏，一定会有万念俱灰的感觉。

然而，坎贝尔不一样。他给自己制定了非常严格的作息时间表，他说：“在没有工作或没有人告诉你该做什么的时候，你要自己找到该做的事情。我把一天分为 4 个时段，每个时段 4 小时。我只在其中 3 个时段看书，另外 1 个时段自由活动。”

如此规律的日子一过就是 5 年，这 5 年虽然穷苦，但坎贝尔的内心却无比喜悦，他每天都沉浸在学习和思考中，并最终创立了一个非常完整的神话学理论——“英雄之旅”。

经济大萧条刚一结束，坎贝尔立刻就被莎拉劳伦斯学院聘为文学教授，开始了为期 38 年的教书生涯。就像他自己写的“英雄之旅”一样，5 年的经济大萧条正是他必须完成的“英雄之旅”的试炼，而此时的他已经带着关于神话学的完整理论“王者归来”。之后，他写了好几本神话学著作，很多本书被译成了 20 多种语言，其中的《千面英雄》还被评为 20 世纪最重要的 100 本书之一。

在个人成长与专业精进方面，约瑟夫·坎贝尔是一个不折不扣的“长期主义者”。

第三类：创业的长期主义者

1997 年，亚马逊上市之初，贝佐斯就对公司股东表示：“亚马逊立志做一家长远发展的公司。公司所做的一切决策也将立足于长远的发展而非暂时的利益，我们会尽自己最大努力来建立伟大的公司，能让我们的子孙们都能够见证的伟大的公司。”

之后，他在 2011 年年报中说：“如果你做一件事，把眼光放到未来三年，和你同台竞技的人很多；但如果你的目光能放到未来七年，那么可以和你竞争的人就很少了。因为很少有公司愿意做那么长远的打算。”

大多数投资人追逐的是快速获益，他们希望第一年进入，第二年上市，第三年退出。于是，大多数创业者在投资方的压力下，都形成了短期利益最大化的价值观和目标。同样，从亚马逊成立以来，对它的质疑声就从未间断。贝佐斯想得虽然很好，但他交出的短期成绩常常不如人意：尽管销售持续增长，季报却屡屡亏损。

创业起家的风险投资人马克·安德森回忆说：“2000 年后有段时间，我在分析师会议上听到基金经理公开嘲笑贝佐斯‘这家伙疯了，这家公司肯定会破产’。”

有那么几年，华尔街严重怀疑亚马逊是否能生存下来。换做一般人，肯定扛不住如此大的压力，但贝佐斯扛住了。他用坚定的行动给出了明确的答案：着眼于长远目标，做一个长期主义的领导者。而最终的结果也证明了他的智慧与勇气。

那么，“长期”究竟是多长时间呢？

如果非要对“长期”做出界定，可以参照麦肯锡公司前全球总裁多米尼克·巴顿给的定义：投资和建立有利可图的新业务所需的时间，至少是5~7年。参照真实故事，“长期”的时限至少是5~10年。

第2节 扎根之道：五要素模型

有位读者在看了我写的“长期主义”文章后，给我留言：“人在年轻的时候，往往不知道自己想要什么，该怎样成为长期主义者呢？如果他在一条错误的路上成为长期主义者，岂不是越走离目标越远？”

这是一个非常好的问题，因为这位读者认真思考了成为一名“长期主义者”究竟有哪些前提条件和适用条件。

的确，长期主义的心态能帮我们避免急于求成、急功近利的“无限死循环”，也能让我们离投资、自我成长、专业精进以及事业的成功越来越近，同时还能帮我们获得稳定平静的心态。但是，长

期主义是否真的适用于每一个人？是否真的适用于我们人生的各个时期呢？

我的答案是：是的。接下来，我将通过一个模型，把这个问题讲清楚、说明白。

小时候看《西游记》，我觉得里面最厉害的人物是孙悟空。可阅读了真实的历史后，我发现，在西天取经这件事上，真正厉害的人只有一个，那就是唐僧的原型玄奘法师。

玄奘法师是个坚定的长期主义者，他一生都在做一件事情——传经。他先将真经迎回中土，然后通过翻译经文让更多人从中获益。从他的真实故事出发，我提炼出成功的长期主义者必须具备的五个要素：方向、信念、战略、时间、价值，这就是“长期主义五要素模型”（见图 8-3）。

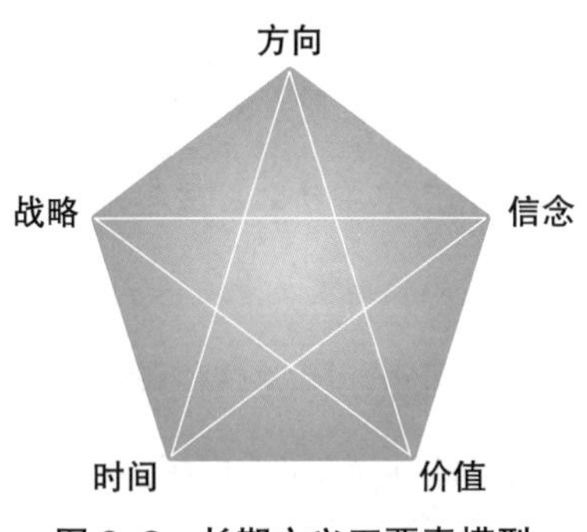

图 8–3 长期主义五要素模型

第一个要素：方向。

什么是方向？

巴菲特曾说，要想滚个大雪球就要有一个很长的雪道。很长的雪道也有不少啊，北极、南极都有，可是如果总是换地方滚雪球，一会儿在南极，一会儿在北极，那么这个雪球肯定滚不大。

所以，你究竟想在哪条雪道上滚自己的大雪球呢？

这句话问的是方向问题。巴菲特的长期主义方向是投资，约瑟夫·坎贝尔的长期主义方向是自我成长与专业精进，贝佐斯的长期主义方向是创业，玄奘法师的长期主义方向是传经。这些，就是他们为自己的长期主义所选择的那条长长的“雪道”。

相反，如果没有明确的方向，会怎么样呢？

一个人如果知道了自己的长期主义方向，就意味着明确了自己将要去的地方，就不会四处张望，从此“定而后能静”；“静”就是心不妄动，只有心不妄动，才能安稳做事，“静而后能安”；有了这种安稳做事的状态，人自然能虑事详尽、处事精确，“安而后能虑”；如果能一直处于这种状态，肯定能有所收获，也就是“虑而后能得”。

这就是从确定了长期主义的方向开始，到最终有所收获的全部过程。可见，要想成为成功的长期主义者，明确的方向是不可或缺的。

可是，究竟什么样的方向才能让你真正“定”下来，并由此产生“静、安、虑、得”的结果呢？

首先，这个方向应该是由你自主确定的。

想象一下，如果你的长期主义方向不是自己定的，而是别人为你定的，比如家人或伴侣；同时，这个方向又与你想要的南辕北辙，你还会有坚持长期主义的动力吗？

肯定没有。事实证明，人很难坚持去做缺乏内在驱动力的事，放弃是迟早的。

其次，这个方向要与你的人生愿景相匹配。

如果你选择了一个与自己的人生愿景不一致的方向，比如：你的人生愿景是成为一名独立学者，你选择的长期主义方向却是财务自由，那么在接下来的日子里，你肯定会陷入一次又一次的内心冲突，产生持续的精神内耗。

这种体验，相信很多人有过。相反，如果你找到了与自己的人生愿景一致的长期主义方向，你就能获得长期主义的强大动力。

由此可见，只有长期主义的方向是你自主确定的，同时又与你的人生愿景相匹配，才会最终产生真正的“定”，以及由此而来的“静、安、虑、得”。

这时，你可能就有疑惑了，就像那位读者提出的：“人在年轻的时候，往往不知道自己想要什么，该怎样成为长期主义者呢？如果他在一条错误的路上成为长期主义者，岂不是越走离目标越远吗？”

是呀，在不知道自己想要什么，也不知道自己的人生愿景是什么的时候，该怎样成为长期主义者，避免短线思维带来的各种问题和焦虑呢？

二十几岁时，我也不知道自己想要的是什么，不知道自己的人生愿景是什么，但我非常清楚地知道，我想让我的人生有价值、有意义，我不想碌碌无为地度过一生，所以在那个年龄，“自我成长”是非常适合我的长期主义方向。

我想，对年轻读者来说也是如此，在你不知道自己想要什么，也不知道自己的人生愿景时，至少有一个明确的方向是你可以选择的，那就是“自我成长”，你可以成为一个以自我成长为方向的“长期主义者”。

这是最容易确定的长期主义方向，也是非常重要的长期主义方向，因为在之后的人生中，无论我们确定了怎样更具体、更明确的长期主义方向，“自我成长”都会像基石那样稳稳地存在着。就像我，虽然现在已经有了更加明确的长期主义方向，包括对思考力的研究和践行，对天赋优势的研究和践行，对活出完整、独特自我的研究和践行，但我依然是个坚定的“自我成长”长期主义者。

所以，在“长期主义五要素”模型中，你选择的长期主义方向，可以是外在的，比如把本职工作做到极致，成为你所在领域的专家级人士；也可以是内在的，比如不断精进思考能力，或长期精进自我成长。无论是哪个，只要明确方向就好。

第二个要素：信念。

玄奘法师的信念非常坚定，他知道取回真经需要很多年，甚至可能付出生命代价。但他也认为，只要不懈坚持，最终能够实现目标。所以，取经前，他就立下“宁可西行而死，绝不东归而生”的重誓。在塔克拉玛干沙漠，他 4 天 5 夜滴水未进，却没有后退半步。

这就是长期主义的信念。

事实上，长期主义有两个基石般的信念。一是知道自己的目标无法一蹴而就，不会想着春耕秋收；二是相信自己的目标最终可以达成，不会轻言放弃。

简单来说就是：既知道自己的目标无法很快实现，同时又知道它是一定可以实现的。第一个信念，能帮我们规避掉想要“春耕秋收”的急切与焦虑；第二个信念，能帮我们获得持续努力的坚定与力量。

千万不要小看信念的力量，人拥有了信念，并在内心不断强化它，就会成为坚定的长期主义者。

第三个要素：战略。

什么是战略?

当我们想从 A 点走到 B 点，而眼前有不止一条路时，比如我们可以划船通过一个湖泊到达 B 点；也可以步行跨越一座雪山到达 B 点；也可以鼓起勇气穿越一条伸手不见五指的隧道到达 B 点，那么，究竟要选哪一条呢?

这时我们要依靠的就是战略。你选择的那条路径，就是你的战略；我选择的这条路径，就是我的战略。

比如：虽然巴菲特的长期主义方向是投资，但在投资领域，也存在着各种不一样的战略。巴菲特最初的老师格雷厄姆，使用的投资方法是“捡烟蒂”法——注重投资的安全边际。这种投资战略，巴菲特也用过，但在遇到芒格后，他变成了一名坚定的价值投资者，价值投资成为了他的投资战略。

由此可见，即便我们明确了长期主义的方向，也拥有了长期主义的信念，但是我们依然要选择通往长期目标的具体战略。也就是说，我们需要做出具体的选择——为了达到终点，我究竟是要坐船、爬山，还是穿越隧道？

如果成为一名专业的同声传译是你的长期主义方向，那么你有很多可以选择的战略。比如：每天背诵 20 个英语单词，或是找外教每天练习口语，或是琢磨口译需要具备哪些知识和技能，然后针对所需知识采用学习和记忆的方法，针对所需技能采用刻意练习的方法，日复一日地不断磨炼和实战。

可是，这么多的战略哪一个才是我们的最佳战略？

这就是长期主义者需要思考和回答的问题。当你回答了这个问题，你就明确了通往长期目标的具体路径。

那么，到底什么样的战略能够成为我们的最佳战略呢？事实上，最佳战略与以下几个方面息息相关。

1. 自身的特点

一个人所做的战略与他本人的特点息息相关，尤其是他的核心价值观。

比如：究竟该选哪条路从 A 点到 B 点，如果你的核心价值观是安全，那么选择划船通过一个湖泊到达 B 点可能就是你的最佳战略；如果你的核心价值观是体验，那么选择翻越雪山到达 B 点可能就是你的最佳战略；如果你的核心价值观是探险，那么选择穿越隧道到达 B 点可能就是你的最佳战略。

所以，我的最佳战略很可能不是你的最佳战略，而你的最佳战略也很可能不是我的最佳战略。这就意味着，在选择最佳战略时，我们需要把自身的独特性考虑进去。

2. 思考能力和认知水平

即便面对同一种境遇、拥有同样的资源，具备深度思考力的人与只能在浅层思考的人也会做出完全不同的战略选择。

因此，如果想做出最佳战略，就需要不断提升自己的思考能力和认知水平。

3. 可获得的资源

这里的资源包括时间资源、物质资源、人际关系资源等，你拥有怎样的资源，也会从一定程度上决定哪种战略更适合你。比如：你有一个爬山高手朋友愿意陪你爬山，那么选择翻越雪山到达 B 点可能就是你的最佳战略。

综合以上因素，我们就能得出自己此时此刻的最佳战略。当然，在朝着长期目标前进的过程中，因为自身的思考能力、认知水平以及可获得资源的变化，我们的最佳战略也要做出调整。

第四个要素：时间。

为了实现一个目标，你也许可以做到每天读书 2 小时，连续读书 30 天。但是，你能做到每天读书 1 小时，连续读书 30 年吗？

前者，也许可以在短期内帮你实现小目标，但后者却能在长期为你实现巨大的目标。这就是时间带来的差别。

我们为事情投入的时间总长度非常重要，同样重要的还有我们要每天投入，而不是“三天打鱼、两天晒网”式地投入。据说，比尔·盖茨每天阅读时间超过 3 小时，扎克伯格每周读完 1 本书，巴菲特每天 80% 的时间都在看书。

这也正是曾国藩特别强调的“日日不断之功”，在长期主义的道路上，我们要尽可能不间断地用力。

所以，第四个要素“时间”说的是：对长期主义的目标，我们一共投入了多少时间，是 1 个月还是 1 年？是 3 年还是 10 年？是每天都做？还是断断续续地做？是每天投入 1 小时还是每天投入 3 小时？

如果你的长期主义坚持了 10 年，每天投入 3 小时，那么你在这件事上投入的时间就是：10×365×3 小时 = 10950 小时；如果你坚持了 1 年，每天投入 0.5 小时，那么你在这件事上投入的时间就是：1×365×0.5 小时 = 182.5 小时。

前者是 10950 小时，后者是 182.5 小时，足足相差 60 倍，这就是时间投入上的差异，而这种差异势必会带来结果上的不同。

第五个要素：价值。

长期主义五要素模型的第五个要素是“价值”，它的意思是：如果我们把每一天的时间用小格子来表示，那么我们有没有往那一个个时间的小格子里放入足够高的价值？每一天投入的是缺乏价值的东西还是富有价值的东西？

在美国那场异常严重的经济危机中，约瑟夫·坎贝尔隐居到了森林里，给自己制定了非常严格的作息时间表。他每天早上8点起床，在8点到9点之间做早餐、整理房间。9点开始读书3小时。到中午时，他通常会用1小时吃午饭，然后继续读书3小时。在接下来的4小时里，他会用其中3小时读书，1小时外出。晚上11点到12点，他会用1小时收拾，然后上床睡觉。通过不断的阅读和思考，坎贝尔学习了很多不同学科的知识与研究方法，涉猎了人类学、生物学、文学、哲学、心理学、宗教学、艺术史等多个领域，同时还搜集了各种文化下的不同神话传说。

坎贝尔每天花6小时读书，在这每天6小时的读书时间里，他阅读的书的品质、读书时所做思考的深度和广度，就是他放入这些时间小格子中的“价值”的高低。

现在假设一下，另一个人也连续5年每天读书6小时，但是每天读的都是一些价值不大的书，或者读书总是浅尝辄止，没有做过深度的思考与广泛的联想，那么他们二人用的阅读时间虽然一样多，但放入这些时间里的“价值”却有天渊之别。

要想成为一名真正的长期主义者，不仅要做到“长期”，还要关注“长期”投入的价值。否则，就会成为一个表面上的长期主义者。这种长期是没有意义的，是无法让你成功的。

最后，让我们回顾一下“长期主义五要素模型”，当你觉得自己对长期主义的践行非常困难，或是不知道自己的长期主义出了哪些问题时，就可以看看这个“长期主义五要素模型”，看看哪些要素是自己已经具备的，哪些要素是自己还不具备的，想一想接下来需要怎样做，从而做出更好的调整与迭代。

长此以往，相信大家都能找到自己的长期主义之路，不再焦虑，越来越笃定，离成功越来越近。

第 3 节　应对最大的挑战：不确定性

我注意到一篇文章，是描述正当红的两位女性喜剧演员的：“当时摆在这两位喜剧演员 A 和 B 面前的有两条路：一条指向内容创作，先深耕喜剧，然后慢慢开始尝试正剧表演；另一条指向流量，比如参加综艺节目、直播带货等，戏也可以演，但角色就不必精挑细选了，能增加履历即可。最后，这两位演员不约而同地选择了后者。”

看到这里，我很感慨：想成为一个长期主义者的人本就不多，在现在这种快节奏的生活状态下，恐怕只会越来越稀有了。

其原因从这段文字中就能找到。如果选第一条路，也就是专心去做内容创作，那么在接下来的几年里曝光量肯定会下降很多，同时还需要静下心来，不受外界各种诱惑的影响，而最终结果如何，除了努力还需运气。所以从总体来看，选择第一条路就等于选择了巨大的"不确定性"。

相反，如果选择第二条路，也就是流量之路，很快就会获得很高的曝光量，从而得到更多机会，但与此同时，对"演员"这个专业的历练和成长则会少很多，毕竟每个人的精力和时间都是有限的。一旦把大量时间和精力投入对曝光量的提升上，就很难沉下心来，更别提狠练内功了。于是，想成为一名真正的好演员，就变得越发不可能了。

所以，这两位喜剧演员不约而同地选择了"快速拿流量"的路，**说到底，还是因为不愿承受长期主义路上的不确定性。**

这种感觉，我是太熟悉了，在长期主义的路上，我体会过很多不确定性，以及由此带来的自我怀疑。

短视频火了后，大家一窝蜂地去做短视频，可我还是在每日阅读、思考、写作、钻研课程的设计和实践；直播带货火了后，很多自媒体人都利用自己的流量去做直播带货了，但我还是在每天阅读、思考、写作、钻研课程的设计和实践。

从表面来看，我很坚定，但我的内心也有过波动，我也会不时地产生一种强烈的不确定感。一方面，虽然我每天都在不断投入，但我依然无法确定未来就能得到自己想要的成果，从而产生了一次又一次的自我怀疑，怀疑自己是否走在一条正确的路上；另一方面，当周围所有人都走在另一条路上，我却走在这条无人问津的路上时，我也会产生对于自己的怀疑，怀疑自己的选择是否真的正确。

有时，这种不确定感和自我怀疑非常强烈，于是就想逃离到最初“短线思维”的路上。而这就是“长期主义者”的最大挑战——即便你已下定决心成为一名长期主义者，但在前行的过程中仍会一次又一次地陷入对不确定性的担忧、恐惧，以及由此引发的自我怀疑。

怎么办呢?

在这里，我想给大家三个切实可行的建议。

第一个建议：允许自己内心出现“短线”与“长期”的冲突，允许它们自然而然地出现。

毕竟，人的“自我保存”的本能会给我们带来“追求确定性，害怕不确定性”和“追求一致性”的“出厂设置”，所以有这种感受很正常。我们本能地需要这种“现在就能确定”的感觉，讨厌那种“现在不能确定，以后才能确定”的感觉。

所以，当你的内心出现“短线”与“长期”的冲突，当你开始左右摇摆时，就允许它这样自然而然地发生吧。

第二个建议：向自己提出三个问题并依次回答。

之后，我们可以向自己提出三个问题并依次回答。比如在财富方面，我会对自己提出这样三个问题：第一个问题是“你想要的只是赚快钱吗？”；第二个问题是“就算现在能把快钱赚了，以后还能持续不断地赚快钱吗？”；第三个问题是“你最想要的究竟是什么？”。

每当我待在原地左右摇摆时，我都会问自己这三个问题，然后，我的内心会渐渐回归平静，因为我的答案从来都不是赚快钱，而是完成我想完成的事——包括对各种思考方法的深入研究和践行，对每个人都有的天赋优势的深入研究和践行，对人的完整性和独特性的深入研究和践行，等等。同时，我也知道赚快钱不是做不到，而是不该做，因为既不能竭泽而渔，也不该杀鸡取卵。

所以，我要继续向下扎根，直到根深叶茂，水到渠成。

每次当我想到这里，我都会重新回到长期主义的轨道，继续践行我的理念，完成我的任务。可见，即使我们走上长期主义的道路，自我怀疑也是不可避免的，它总会不时地发生。但是没关系，只要我们能及时把自己重新拉回正确的轨道上继续前进就行。

当你越来越清楚自己想要的以及不想要的，你追求确定性与一致性的本能就会慢慢弱化，长期主义的信念与力量则会越来越强。

第三个建议：找到自己的长期主义者榜样，借助他的力量继续扎根，在长期主义的路上走下去。

我的长期主义者榜样是约瑟夫·坎贝尔。每当陷入自我怀疑或看到别人都在追风口时，我就会想到他。

我会去想象，假如这五年，我像坎贝尔那样待在森林里，专心致志地做自己的事，会怎么样？

然后，我的脑海中就会浮现一幅非常生动的画面：我在森林的小屋里，对着窗户，沉浸于阅读书籍和写作。每当“看”到这幅画面，我的内心都会再一次坚定下来，回到做自己想做的事的初心上来。

可以说，如果没有他，长期主义的路对我来说也会非常艰难。

我团队里的佳佳，也同样选择了一个长期主义者榜样。佳佳说：

之前我比较浮躁，注意力容易分散，看到什么就很想马上学会，想要快点拥有它，所以根本静不下心来做事，几乎每天都处在持续焦虑的状态中。实现目标，我会很开心，觉得生活越来越好了；但一段时间后没有看到明显的结果，我又会觉得非常没意思，对自己很失望、很怀疑。

但是，自从加入艾菲老师的团队，开始负责“艾菲的理想”微信公众号的运营工作，我的状态发生了非常明显的变化，其中一个原因是我开始抱持长期主义的态度。

大家都觉得坚持长期主义很难，我一开始也是这样的，觉得很难，不时又会变得短视，想快一点儿实现目标，内心还会出现自我批判的声音，责怪自己做得不好，明明说好了要坚持长期主义，现在却又退缩了。

于是，我就在心里给自己找了一个榜样：艾菲老师。艾菲老师永远都是安静的，不受外界诱惑和干扰，始终专注地做自己想要做的事。

比如对待天赋优势课，艾菲老师给自己设置的长期目标是：做到国内天赋优势这个专业领域的第一，所以我们一直在努力，现在已经做了 16 期，学员们都给予了非常高的评价。即便如此，每一期天赋优势课开始前，艾菲老师还是会像对待新课那样花很多时间去思考学员学习的难点和痛点，然后打磨迭代，以帮助大家更容易理解和更有效地运用。就这样，我们一直在这条路上稳稳地走着。但与此同时，我却发现跟我们同期做天赋优势培训的同行已经转型或不做了。

再比如，艾菲老师正在写她的第二本书，为了把这本书写好，她推掉了不少企业培训的邀约，留出时间专注于写书。

艾菲老师一直在我前面，用她自己的长期主义行动给我力量，当我在践行长期主义的过程中陷入急切时，我就会看向她，于是我会冷静下来，继续走自己的路。

我想，无论是我还是佳佳，每个人都需要一位与自己心灵契合的长期主义者榜样。然后，时不时地看向榜样，从对不确定性的担忧以及由此引发的自我怀疑中重新回归到长期主义的道路上。

最后，我想对大家说的是：短线思维者的路，是“先宽后窄的路”，长期主义者的路，是“先窄后宽的路”。

什么意思？

高瓴集团的创始人张磊曾说：“那些赚快钱的人逐渐会发现他的路越走越窄，坚持做长期事的人的路才会越走越宽。”

可见，短线思维者的路是先易后难，长期主义者的路是先难后易。

我，已经选择了自己的路——先窄后宽的路，也就是先难后易的路。你想走的又是哪条路呢？

| 第 9 章 |
转换参照系：走向通透、豁达和自在

哲学家斯宾诺莎喜欢用一个拉丁短语 sub specie aeternitatis，意思是“从永恒的角度”。他认为，如果从永恒的角度来看，再烦人的日常琐事也会变得不那么令人不安了。

第 1 节　看不透、舍不得、放不下

20 年前，我去了交河故城。

那段时间，正好是我人生中的“至暗时光”，因为遭遇了感情上的变故，我的内心充满痛苦与挣扎。

就这样，土黄色的交河故城出现在了我的面前。

交河故城，是西域 36 国之一“车师前国”的都城，是我国保存最完整的古代都市遗迹，也是世界上最大最古老、保存最完好的生土建筑城市。

唐朝西域的最高军政机构安西都护府最早就设在交河故城，在南北朝和唐朝时期，交河故城达到了鼎盛期。可惜，从 9 世纪开始，由于战略位置太过重要，交河城遭遇了连年的战火。14 世纪，交河故城终于走完了它的生命历程。

从最初建立到现在，已有2000年了，但交河故城却保存得非常完整，城内的市井、官署、佛寺、佛塔、街巷，甚至作坊、民居、演兵场、藏兵壕都能找得到。

走在交河故城中，我感到一阵阵恍惚，我坐了下来。2000多年前，这里从沟壑纵横的黄土台一点一点地变成了城市，600多年前，这座城市又在多次的战争中变成了废墟。

我仿佛还能看到2000多年前那个黄土台，仿佛还能听到1000多年前金戈铁马的声音，仿佛还能感受到曾经在这座城市里生活过的人们的心跳，可如今，这里只剩下一片土黄色的遗迹。我忍不住伸出手触摸身下的土地，默默感受着它2000年前的繁荣和现在的孤寂。那个下午，在交河故城的引领下，我一下子穿越了2000多年的历史。

俗话说："时间能够疗愈一切。"我那时的情感伤痛，原本可能需要一年时间方可疗愈，但不曾想，坐在交河故城的那个下午，我心里的伤痛竟然慢慢淡去了。

在那之后，我时常会思考一个问题："坐在交河故城的那个下午，为什么能让我内心的伤痛消失大半呢？"

慢慢地，答案在我的头脑里越来越清晰：**交河故城，这座经历过极致的繁华，经历过纷飞的战火，并最终走向了衰落的城市，在繁华与衰落之间，无比清晰地照见了占有的虚无，以及执着的虚无。此外，在它庞大的时间尺度前，"我"被消融掉了。**

我当时的感情伤痛是由我和恋人分手带来的，原以为我们的感情会一直继续下去，谁料却在忽然之间戛然而止。这一切，让我无法继续占有，不论是占有这份关系还是他的感情，但与此同时，我又难以放下对于占有的执着。于是，痛苦就产生了。不仅如此，在这份痛苦中，还夹杂着不甘、纠结、后悔、愤怒等情绪。就这样，那段时间里的每一天，对我来说都是煎熬。

交河故城的出现把这种煎熬打破了。它让我体会到了占有的虚无，以及执着的虚无，于是那份我无法占有、又无法放下执着的感情，开始渐渐淡去。而当我在庞大的时间尺度前感到自我的消融，原本承载于“我”之上的那些不甘、纠结、后悔和愤怒，也都随着“我”的消融而渐渐散去了。

就这样，我的情感伤痛好了大半。

据说，有一种生长在河边的生物，它们的生命只有一天，早上5点死的算青春夭折，晚上8点死的算寿终正寝。

如果让你来做这些生物生命的观察者，看到它们在仅有一天的生命里执着、比较、忧虑、痛苦和恐惧，想去占有更多的物质，不知你会产生什么样的感受？

这个场景，我曾身临其境地想象过，最后忍不住笑出声来。

在它们以“秒”和“分钟”计算的生命里，如果还存在各种执着、比较、忧虑、痛苦和恐惧，如果还想着去占有更多的物质，那

真的是非常好笑。毕竟生命只有一天，占有和执着有何意义？比较、忧虑、痛苦和恐惧又有何必要？

可是，如果让宏大历史的见证者或经历者来观察我们人类的一生呢？如果让有着2000多年历史的交河故城来观察我们人类的一生，它会怎么想？假如它看到了当时我因为执着而产生的痛苦，它会怎么想？它是不是也会像我看只有一天生命的生物那样笑出声来？它是否也会像我一样慨叹："你们的生命那么短，为何还要执着于自己的占有？为何还要为失去的东西而备受痛苦和折磨？你们可真好笑啊！"

我想，这就是在不同参照系下看待同一件事的两种截然不同的感受。而这也正是我在那个下午领悟到的东西——因为参照系的转变，我的心境和感受发生了巨大的转变。

在平时的生活工作中，我使用的参照系是以"小时""天""月""年"为单位的。但在交河故城，我使用的参照系是以"百年""千年"为单位的。

一件事，如果放到人类的日常参照系中，它可能是一件大事，会给人带来很大的伤害和痛苦。可是，如果把它放在宏大时间的参照系中，它就会变成微不足道的小事。毕竟，我对感情的执着，与2000多年跌宕起伏的历史相比，只能算一粒小小的尘埃。

我常常看到读者给我的类似留言，比如"我今天在公司里因为跟同事说了一些话，回家后愈发不安，感觉自己说错话了，陷入对

自己的责备中”，或者“以前一个关系不错的朋友，现在跟自己的关系生疏了很多，每次想起，心里都很不是滋味”。

这些问题非常普遍，解决起来也不难，比如对第一个问题，可以学着建立正确客观的思维方式，避免进行思维反刍（即对一些念头一遍一遍地想，来来回回地想），对第二个问题，则可以通过主动交流，打开心结来解决。

但与此同时，这两个问题还有另一种化解方法，那就是：转换你的参照系，把你平时所用的参照系转换为“宏大时间的参照系”。

当你站在以“百年”“千年”“万年”甚至“亿年”为单位的宏大时间的参照系去看这些事时，就会发现眼前这些让人烦恼的事情一下子变小了，甚至看不见了，就像大象面前的一粒米。那些看不透、舍不得、放不下的事情，也就被我们看透了、舍掉了、放下了。

蚂蚁眼中的一粒米，能够大到让它跨不过去；大象眼中的一粒米，则会小到让它注意不到。

这，就是转换参照系的巨大力量。

第 2 节　如何转换参照系

可是，究竟要怎样做，我们才能为自己构建这种宏大时间的参照系，在两个不同的参照系间进行转换，收获不同视角呢?

在这里，我为大家准备了转换参照系的“两步法”。

第一步：对宏大时间参照系的感知和体验；

第二步：设定心锚。

感知和体验，说的是要去感知和体验与宏大时间跨度有关的东西，这里有两种可行的方法：一是前往有着悠久历史的地方旅行；二是阅读具有宏大时间跨度的书籍。这两种方法都能帮助我们对宏大时间的参照系进行深入地感知和体验。

有一年，我去了汉武帝茂陵。在看到那座并不高大的封土堆时，我很难把它与历史上赫赫有名的雄主汉武帝联系起来。

在接近黄昏的阳光下，看着那座封土堆，我的脑海中浮现出李白“西风残照，汉家陵阙”的诗句。一个“残”字，把没落衰败的景象描绘得深刻入骨。那是一种一切已成往事的感觉，无论汉武帝在生前曾拥有过多少荣光、财富和权力，最终都已随着时间的流逝，只剩一抔黄土。

以汉武帝茂陵作参照系，我体会到的是深刻的虚无—— 一切占有，都会在人死之后消失殆尽。这种感受，让我从此对物质、金钱、声望的占有再也不像之前那样看重了，它们在我的生活中开始变得越来越不重要。

前几年，我去敦煌旅行，看了汉代玉门关遗址。土黄色的断壁残垣伫立在一望无际的戈壁滩上，周围空无一物，只有吹过的风。那个下午，我在玉门关遗址待了很久。我仿佛还能听到当年士兵们在那里驻足、在那里守卫、在那里仰天长啸，在那里饮酒吃肉的喧哗。曾经的金戈铁马，如今只剩下苍凉和孤寂。

以玉门关遗址作参照系，我体会到的是自我的消融——在跨越宏大时间的场域里，我的自我仿佛消融了，而后，与自我有关的一切执着、烦恼、焦虑、担忧也都消融了。

无论是站在茂陵前所体验到的占有的虚无，还是在玉门关遗址前所感知的自我的消融，无一不源自参照系的转换。

除了前往拥有宏大时间跨度的地方，我们还能通过阅读时间跨度很大的书籍来完成第一步——对宏大时间参照系的感知和体验。

你可以去看那些有关人类发展、各地历史、经济发展变迁，以及企业发展变迁的书，进行深入的、身临其境的感知和体会。

之前，我在读《万物简史》时就再次感受了宏大时间参照系的力量。宇宙在很早的时候（大约 130 亿年前）就开始形成恒星和行星。新的恒星仍在继续形成，虽然速度正逐渐变慢。太阳和地球以接近当前的形态存在了大约 50 亿年。人类以接近当前的形态存在的时间要短得多，只有约 30 万年，这相当于大约一万代人，或者 5000 个人寿命长度之和。

从 130 亿年前，到 50 亿年前，再到 30 万年前，它们被写在书上不过短短几行字，我阅读它们也花不了 1 分钟。但是，如果做出身临其境的想象，就能够感受它们的漫长与宏大。相比之下，我们人类的历史不过是整个宇宙历史中的沧海一粟，而我们的人生又不过是沧海一粟中的一分子。

这就是对宏大时间参照系进行感知和体验的两种方式——前往有着悠久历史文明的地方旅行，或者阅读有着宏大时间跨度的书籍。

接下来，我们就要进入转换参照系的第二步：设置“心锚”。

什么是“心锚”？

心锚效应是心理学的一个概念，属于条件反射的一种形式，它说的是：人的某种情绪与行为和外界的某个事物产生连接，从而产生的条件反射。

如果一个人在小时候有气球爆在脸上的经历，那么在他以后的人生里，当他见到气球时可能都会躲得远远的，这就是一种自然设置的心锚。

心锚有点像在自己内心放置书签，有的书签是无意间放进去的，有的是刻意放进去的，目的是用它激发条件反射。这样一来，我们就能在需要的时候，取用心锚设置时的心理状态。

比如：一个人在之前为自己设置了一个有信心的心锚，也就是他每次都会在自己有信心的时候摸自己的鼻子，于是“摸自己的鼻子”这个动作就与“有信心”的状态连接在了一起，形成了条件反射。那么接下来，要上台演讲或当众发言时，他都可以通过摸自己的鼻子去引发之前设定好的“信心”心锚，从而对自己的演讲或当众发言充满信心。

同样地，我们也可以通过这个方法为自己设置宏大时间参照系的心锚。比如：前往那些拥有宏大时间跨度的地方时，我都会做同一件事——选择一个让我感受最强烈的地方，然后站或坐在那里深深地感受它。在这个过程中，我会花很多时间去看它、听它、触摸它、感受它，然后把一切感受和体验都深深印刻在我的身体和脑海里。最后，我会选择一个最为深刻的体验作为心锚，有时是一幅刻骨铭心的画面，有时是一种异常深刻的感受。

此后，我就会通过连接早已设定好的心锚——也许是那幅刻骨铭心的画面，也许是那种异常深刻的感受，顺利地进入宏大时间的参照系。

以前，一旦看到人身攻击性的留言，我都会非常生气。

但是现在，我却完全不同了。遇到这种情况，我会非常熟练地调用早已设定好的心锚，瞬间切换到宏大时间的参照系。于是，那些让我感觉很不舒服的留言，就在一瞬间变成了历史中一粒看不见的尘埃。

一旦进入宏大时间的参照系，原本存在于我眼前的，看起来像高山一样耸立的“大问题”，就在一瞬间转化成芝麻一样小的“小问题”，或是干脆消失不见。

学会转换到宏大时间参照系的方法，并不意味着你要一直待在那里，它的目的是让你拥有在现有参照系与宏大时间参照系间自由转换的可能。

在现有参照系中，也就是以“天”“月”“年”为单位的参照系中，我们可以体会到投身于生而为人的种种事务中，包括工作、赚钱、结婚、养孩子等；当切换到宏大时间的参照系时，也就是以“百年”“千年”“万年”为单位的参照系时，我们则能感受到超脱于世俗，超脱于执着的状态。

现在的我，会时常在这两种参照系间做转换，转换多了，我的心境也有了深刻的转变——获得了一种既投入，又超脱的心境。

投入，让我能够脚踏实地地努力，认认真真地生活和做事，认认真真地体验、感受、思考、成长和爱；超脱，则让我对努力的结果，以及想要占有和获得的一切不那么看重，能够放得下，也就少了很多因执着产生的痛苦，多了些洒脱。

后来，这种心境被我简化成了一种人生观——“既认真，又不认真”的人生观。什么意思呢？

1. 对过程认真，对结果不那么认真

我在这里所讲的“对结果不认真”，并不是不考虑结果，也不是不设定目标，而是不要总把结果的好坏挂在心上，不要总为结果而担心焦虑。相反，要把对过程的关注和投入放在心头。这就是对过程认真，对结果不那么认真的意思。

比如，正在写书的我对写书过程极其认真、非常投入，我把这些年读过的书、思考过的问题、经历的人生、体验的一切，酿成了一壶浓郁的酒，然后认认真真地呈现在读者的面前。每天写书的时

间都是我充满心流，非常享受的时间。

可是，这本书出版后能否成为畅销书，能否在某某平台得到高分评价，虽然我也有所期望，却不为之牵肠挂肚、日日操心，也就是说这些结果都不是我真正关心的。

我只对这个酝酿、创造和写作的过程非常认真，一万分的认真和投入。

这就是对结果不认真，但对过程非常认真和投入的体现。如此一来，我就能在做每一件事的过程中获得体悟、成长和美好，正如乔布斯说的“The Journey Is the Reward（过程就是奖励）”。

同时，因为我对过程全身心的投入，它也可能会为我的将来带来无比美妙的果实。

2. 对当下认真，对过去和未来不那么认真

过去的我，要么反省和后悔过去，要么担忧和憧憬未来，总之，很少有时间完完全全沉浸当下。

现在的我则大不相同——对于未来，我只做畅想和规划；对于过去，我只做复盘和学习。然后，我会把绝大多数时间和精力投入当下的每一刻里，或沉浸于阅读、思考、工作的心流，或沉浸于对自然和艺术的感知，或全心与家人朋友交流，或感受彻彻底底的放空。

因为，当下才是我们每一个人唯一能够把控的东西，过去的事既然已经过去，就是无法改变的，我们要柔顺地接纳过去。如果过

去令人痛苦，我们就更加不必认真，可以把它当作一场梦，或是一个已经结束的游戏，然后把过去归零，以全新的状态进入当下刚刚开始的游戏中，认认真真地把握当下。

至于未来，我们当然要有梦想、愿景、方向，但是因为一切结果都是由内外因一起决定的，即便我们拥有明确的梦想和愿景，即便我们非常非常努力，依然无法 100% 把控未来可能出现的事，更无法保证未来一定会出现某个必定的结果。

既然过去不能改变，未来无法 100% 把控，那么我们要做的就是对当下这一刻无比认真地投入。只有对当下认真，我们才有可能获得美好的未来，否则一切关于未来的假想和期待，都只能成为空想。

3. 对自己的成长认真，对身外之物不那么认真

很多人每天都在琢磨“我啥时候能升职”“我啥时候能换个大房子”“我啥时候能财务自由”，而这些都是我们的身外之物。

对身外之物的获得，一方面，需要我们的内因，以及恰如其时的外因，只有二者配合得好，我们才有可能获得身外之物；另一方面，从宏大时间的参照系看，我们拥有的一切物质财富，最终都是过眼云烟，最终都会一一失去，我们又何必为了占有它们而放弃自己的人生梦想和生命热情呢？

相反，自我成长则是可以通过努力及正确的方法实现的。我们要在自己可以把控的事情上努力，而不要在自己无法把控的事情上较真。

因此，对自我成长，我们要非常认真，100% 地投入，而对身外之物则无须认真，不妨超脱一些、洒脱一些，因为即便你对身外之物很认真，它们也很可能无法如你所愿，只会惹你伤心难过。

这三条总结起来，就是一个非常好的人生观——“既认真，又不认真”的人生观。正是因为有了宏大时间的参照系，我才收获了这个非常重要的人生观，它让我既不躺平，又不执着于占有；既不会没有成就，又不会被想要得到的结果折磨得忧心忡忡。这个人生观，给了我一种非常美妙的平衡，现在我也把它送给你。

这就是转换参照系的力量，它能让我们从看不透、舍不得、放不下的状态中走出来，走向通透、豁达和自在，它让我们有机会在投入与超脱间自由转换、轻盈起舞，并收获既投入、又超脱的人生境界。

“长度篇”复盘：两大收获

第一个收获：只有根扎得深，枝叶才会繁茂。

这个世界上有两类人：第一类是“短线思维者”，他们想在最短时间内获得足够大的收益、成长和利润，他们是人群中的大多数。他们很容易陷入“无限死循环”：着急拿到想要的成果—急功近利、缺乏耐心—无法沉下心来做事—拿不到想要的成果—着急拿到想要的结果……

第二类是“长期主义者”，他们不急于在当下获得足够大的收益、成长或利润，他们相信通过自己的长期努力，能在未来拥有更大的收益、成长或利润。

前者的路，先宽后窄，最后甚至走投无路；后者的路，先窄后宽，越走越轻松。

想要成为成功的长期主义者，就要具备五个关键要素：方向、信念、战略、时间、价值。同时，即使决定了做长期主义者，你可能还是会因为受不了长期主义路上的不确定性，以及由此带来的自我怀疑而放弃。

那么，如何才能成为一名坚定的长期主义者呢？

我有三个建议。第一个建议：允许自己的内心出现“短线”与“长期”的冲突，允许它们自然而然地出现；第二个建议：向自己提三个问题并依次回答；第三个建议：找到自己的长期主义者榜样，借助他们的力量继续扎根，在长期主义的路上走下去。

只有根扎得深，枝叶才会繁茂。向下扎根越深，向上长得越高。

第二个收获：通过转换参照系，走向通透、豁达和自在。

一件事，如果放到人类的日常参照系中，可能是一件大事，会给人带来很大的伤害和痛苦，可是如果把它放在宏大时间的参照系中，它就会变成微不足道的小事。

所以，在日常生活中，如果我们能主动转换自己的参照系，站到以“百年”“千年”“万年”甚至“亿年”为单位的宏大时间的参照系中去看同一件事，就会发现眼前让人烦恼的事一下子变小，甚至看不见了，就像大象面前的一粒米。那些看不透、舍不得、放不下的事情，也就被我们看透了、舍掉了、放下了。

那么，怎样才能为自己构建宏大时间的参照系，从而在两个不同的参照系间自由转换，收获不同视角呢？

我给出了两个步骤。第一步：对宏大时间参照系的感知和体验；第二步：设定心锚。

通过对宏大时间参照系的转换，我们能逐步走向通透、豁达和自在。

思考与践行

为了帮助大家更好地理解、掌握和践行我们在“长度篇”中所讲的内容，我为大家准备了两个问题，用于自我思考与实践。

问题 1：在过去，你是一个短线思维者吗？如果你想成为一名成功的长期主义者，你觉得自己是否已经具备了“长期主义五要素模型”中的所有要素？

问题 2：对那些你不具备的要素，你准备做些什么来帮助自己成为一名成功的长期主义者呢？

后记

（这篇后记，不是我写的，而是提前看过我书稿的好友瑞华所写。）

合上艾菲的新作，仿佛又经历了一次心灵的洗礼，这种感觉，从认识她的那一天、那一刻就开始了。

这种感觉，从未消失，让我想起《肖申克的救赎》里的一句台词，大概意思是：有些鸟儿，天生带着光，是笼子关不住的。

艾菲，就像是这样的鸟儿。

惊叹于这些年来她的知识面的拓展和广博、精神层次的深度化以及灵魂层次的纯粹和悠远，对美的锲而不舍的追求和践行，这一切都让我感受到一个生命在被唤醒后的蓬勃和无敌。

本书由浅入深，又深入浅出地阐述了人如何走出各种各样的牢笼，展开翅膀、飞翔天际。读这本书，也仿佛在观赏艾菲这个生命的绽放。

此生可以遇到艾菲这样鲜活的生命在自己的身边绽放甚是欣

慰。绚烂的生命之花的绽放从来都是来自苦与难、坚持与放弃、低谷与破碎的间隙之间……而自己，也由此欢喜地闻到了来自灵魂深处的阵阵幽香。

生命，只能被唤醒，而我，有幸被这个绽放的生命一直感召着、鞭策着。希望正在读这本书的你，以及想要读这本书的你，也能被她的文字以及她蓬勃的生命力唤醒，从而走上自己人生的“英雄之旅”。

致谢

首先我想感谢我的父母，无论做什么事，他们永远都是我要首先感谢的人，他们毫无保留地爱着我，我也毫无保留地爱着他们。父亲还为我这本书画了几幅非常漂亮的图，我很喜欢。

其次，我想感谢我的先生，他始终坚定不移地支持着我，并全身心地信任着我。

可以说，没有他们，我不可能走到这里，也不可能有这本书的诞生。

在过去这些年的人生中，我的成长与发展也得到了很多好友的大力支持，在此我无法一一感谢，只能提及对本书做出直接贡献的团队成员贾诗佳和周博涵，感谢你们给我提出的所有建议与意见，也感谢你们给予我的所有鼓励与支持。我还想感谢提前看过书稿，并给出反馈的大学好友赵瑞华和陈娟，以及我的几位学员朋友杨笑轩、晏树林、王安琳、Rene，她们都曾就本书的大纲目录给我提出很好的建议。

我还要感谢人民邮电出版社智元微库公司及我的图书策划编辑陈素然为这本书的面世付出了很多辛苦的努力。

我还要感谢所有帮我写推荐序及推荐语的老师和朋友。

最后，我还想对许多活着的或已故的富有洞见、智慧与慈悲的思想者们，致以诚挚的感谢，因为你们，我才有机会站到现在的位置。